南方科技大学特色思政课系列讲座
· 第一辑 ·

# 现代科技与家国情怀

主编 郭雨蓉　副主编 李凤亮

海天出版社
· 深 圳 ·

图书在版编目（CIP）数据

现代科技与家国情怀 / 郭雨蓉主编 .— 深圳 : 海天出版社 , 2020.12

ISBN 978-7-5507-3042-7

Ⅰ . ①现… Ⅱ . ①郭… Ⅲ . ①科技发展 – 成就 – 中国 Ⅳ . ① G322

中国版本图书馆 CIP 数据核字（2020）第 214157 号

## 现代科技与家国情怀
XIANDAI KEJI YU JIAGUOQINGHUAI

| 出 品 人 | 聂雄前 |
|---|---|
| 责任编辑 | 熊　星 |
| 责任校对 | 果凤双 |
| 责任技编 | 郑　欢 |
| 装帧设计 | 今亮后声 HOPESOUND pankouyugu@163.com |

| 出版发行 | 海天出版社 |
|---|---|
| 地　　址 | 深圳市彩田南路海天综合大厦（518033） |
| 网　　址 | www.htph.com.cn |
| 订购电话 | 0755-83460239（邮购、团购） |
| 印　　刷 | 深圳市希望印务有限公司 |
| 开　　本 | 890mm×1240mm 1/32 |
| 印　　张 | 8.5 |
| 字　　数 | 177 千 |
| 版　　次 | 2020 年 12 月第 1 版 |
| 印　　次 | 2020 年 12 月第 1 次 |
| 定　　价 | 58.00 元 |

海天版图书版权所有，侵权必究。
海天版图书凡有印装质量问题，请随时向承印厂调换。

南方科技大学"现代科技与家国情怀"
特色思政课课程标识

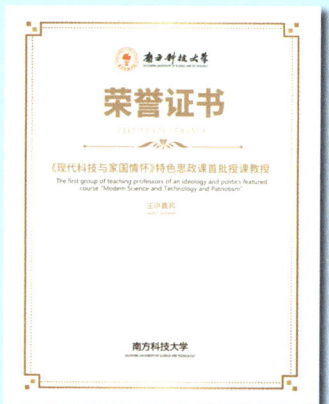

"现代科技与家国情怀"
特色思政课首批授课教授荣誉证书

南方科技大学特色思政课"现代科技与家国情怀"
被中央电视台《新闻联播》报道

# 南方科技大学特色思政课系列讲座
· 第一辑 ·

主　编　郭雨蓉

副主编　李凤亮

编　委　王德军　张　凌　黄克服　薛　铮

本课题得到 2020 年度中国科协学风建设资助计划项目资助

项目编号：XFCC2020ZZ001-08

# 序

南方科技大学是2010年由深圳市政府全额出资建设的一所创新型理工科大学，以高水平国际化研究型为办学特色。建校10年来，南科大始终以探索中国特色现代大学制度和培养拔尖创新人才为己任，通过实施一系列改革创新举措取得高质量的快速发展。目前学校已经聚集了45名国内外院士（其中全职院士23人）和1000多位海归教授，拥有一支高水平的优秀专业教师队伍。学校坚持小而精的办学原则，目前在校本科生4000多人，在校研究生3000多人，学校在教学科研和社会服务等方面取得了突出成就，在国内外各类大学排名中突飞猛进，受到社会的广泛关注。2020年，南科大最新自然指数排名全球大学第52，国内大学第14。2020年泰晤士大学排名中，南科大首次进入2021世界大学排名300强，位列世界第253，中国内地高校第8。2020亚洲大学排名第33。2020世界年轻大学排名第47，中国内地高校第一。

南方科技大学坚持立德树人的社会主义办学方向，充分发挥地处深圳经济特区的区位优势，扎根中国大地，紧抓粤港澳大湾区和中国特色社会主义先行示范区"双区驱动"的历史机遇，发扬"敢闯敢试、求真务实、改革创新、追求卓越"的创校精神，突出"创知、创新、创业"的办学特色，致力于培养具有"家国情怀、全球视野、综合素养、创新能力"的拔尖创新人才。

南方科技大学高度重视学生的思想政治教育，在面向学生开设国家规定的思想政治理论必修课的基础上，为充分发挥南方科技大学的科技创新特色优势，2019年学校推出了具有南科大特色的"现代科技与家国情怀"思政课程。该课程系列讲座由校长陈十一院士领衔，学校党委副书记李凤亮教授，前副校长汤涛院士，工学院院长徐政和院士，量子科学与工程研究院院长俞大鹏教授，人文社会科学学院院长陈跃红教授，环境科学与工程学院院长郑春苗教授，计算机系主任姚新教授，力学与航空航天系主任单肖文教授、邓巍巍教授，海洋系刘青松教授，电子系于洪宇教授、刘召军助理教授，金融系栗沛沛助理教授等14位院士专家、中青年学者精心授课。课程内容分别聚焦科技前沿以及当前热点，包括半导体与电子信息技术、人工智能、大飞机、磁分离、量子科学、文化创新、结构工程、金融稳定、绿色环保、科技人文等多个领域与前沿学科。另外，结合深圳科技创新的地方特色，还邀请了中兴通讯公司前副总裁、技术总工章利勇先生，研祥智能科技股份有限公司总工程师庞观士先生，从深圳本土企业技术发展的角度为学生介绍深圳科技创新情况。授课的专家结合自己的求学经历、专业选择，为学生介绍不同专业领域的研究方向和学科发展。特别是通过中外比较，能让学生看到中国科技取得的进步以及存在的不足和短板。讲座纵横文理，谈古论今，深受广大学生喜爱。本特色思政课程在社会上也产生了很好的影响，高质量的学术报告吸引了不少深圳市的市民前来听课，央视新闻对本课程做了专门的报道。这门特色思政课程探索了高校思政教育的新形式，致力于用鲜活生动的身边人、身边事，拓宽学术视野，培育科学精神，构筑家国情怀。

在现场授课的基础上，为了进一步发挥"现代科技与家国情怀"特色思政课的育人作用，学校思想政治教育与研究中心将各位主讲者的讲课内容加以整理，形成了这本书稿。虽然阅读文稿缺乏听报告的现场感和参与感，但在一定程度上也可以弥补缺席现场听报告的遗憾。希望读者可以通过这部文集了解南科大的教授是如何走上科研和学术研究道路的，并加深对相关科学领域的认识。这是一件非常有意义的工作，它从一个侧面展示和体现了南科大思政教育和专业育人协同创新的情况，也可以使更多的读者了解南科大这所新兴的科技大学。

作为一所与中国特色社会主义新时代一起走过来的创新型大学，南科大始终牢记为国家育人的使命，把学生的思想政治教育工作作为重中之重。在全国教育大会、全国高校思想政治工作会议和学校思想政治理论课教师座谈会之后，为全面落实立德树人根本任务，切实加强学校思想政治教育工作，南科大出台了《关于落实立德树人根本任务和加强学生思想政治教育工作方案》，提出构建南科大新型思想政治教育体系，由核心圈层、支撑圈层、协同圈层组成。其中核心圈层是思想政治理论课，重点是铸魂育人；支撑圈层由实践课程、特色思政课程和课程思政构成，目的是拓展实践育人途径和突出课程育人功能；协同圈层包括"强国修身"校园主题教育实践活动，旨在通过"爱国上进""责任坚毅""崇礼尚美"等系列活动，形成浓厚的育人氛围，培养德智体美劳全面发展的社会主义建设者和接班人。

时代催人奋进，中国特色社会主义进入新时代，我们从未像今天这样接近实现中华民族伟大复兴的目标。

正如习近平总书记指出的，我们对高等教育的需要比以往任何时候都更加迫切，对科学知识和卓越人才的渴求比以往任何时候都更加强烈。坚持立德树人的根本任务，培养更多更好能够担当民族复兴大任的时代新人，高等学校责无旁贷，任重而道远。

南方科技大学党委书记 郭雨蓉

2020 年 10 月 30 日

# 目录

序　001

第一讲　陈十一
　　　　我的人生选择　004

第二讲　李凤亮
　　　　文化自信与文化创新　020

第三讲　栗沛沛
　　　　中国金融稳定　042

第四讲　姚新
　　　　计算机、人工智能和未来产业的发展　059

第五讲　邓巍巍
　　　　放飞青春梦想　书写人生华章　076

第六讲　汤涛
　　　　现代教育与家国情怀　089

第七讲　陈跃红
　　　　人工智能时代的技术与人文　101

第八讲　刘青松
　　　　21世纪，海洋时代　113

第九讲　单肖文
　　　　国产大飞机的当前发展与未来　128

第十讲　于洪宇
　　　　中国芯　世界梦　144

第十一讲　刘召军
　　从中国电子芯片和新型显示产业发展看贸易战　159

第十二讲　徐政和
　　磁分离在生命、能源与环境领域中的应用　174

第十三讲　郑春苗
　　绿色深圳与美丽中国　187

第十四讲　俞大鹏
　　量子与信息科学的发展和应用　199

第十五讲　章利勇
　　中兴通讯创新和国际化之路　210

第十六讲　庞观士
　　持续科技创新才能不被卡脖子　232

后记　255

第一讲

陈十一

汉族，1956年10月出生，浙江天台人，1987年7月参加工作，理学博士，博士生导师，南方科技大学校长，中国科学院院士，发展中国家科学院院士。曾任北京大学副校长、研究生院院长，北大工学院院长，湍流与复杂系统国家重点实验室主任。曾任教育部特聘教授，美国Los Alamos国家实验室成员，美国物理学会会员，英国物理学会会员，国际工学院院长联合委员会执行委员，美国物理学会流体力学分会国际委员会委员，美国工业与应用数学学会会员委员会委员，清华大学周培源数学中心学术委员会委员，中科院力学所非线性力学国家重点实验室学术委员会委员。

# 我的人生选择

## 一、个人奋斗与家国情怀

先讲家国情怀,跟大家分享一下我个人的学习成长经历。我1974年高中毕业,到现在2019年,悠悠人生,已经过去45年。我的受教育之路也很简单,在浙江天台中学读中学,李白的诗《梦游天姥吟留别》中"天台四万八千丈,对此欲倒东南倾"诗句,就是指浙江天台。后来在浙江大学读本科,去北京大学念硕士、博士。从大学开始,到硕士、博士阶段我都是学生干部。在浙大的时候我是我们院的学生会主席,到北大的时候是系里面的团委书记、党支部书记,所以我一直受到党的培养教育。我的导师都是各自领域的专家,现在,有几位已经不在了,光阴荏苒,时光飞逝,令人感叹。一个人在成长过程中是很需要有人来支撑的,站在巨人肩膀上做研究太重要了。

1987年,我从北大博士毕业,成为中国改革开放后的第一届博士生。当时我想出国,给导师说后他很支持,导师说我们国家需要你,你先去了解了解美国。在美国的实验室我花了10

年的时间从一个博士后做到了那里的最高学者,成为中心的常务副主任。后来我到 IBM 的一个研究所,在那里我有两个目标,后来看都是很具有前瞻性的,但可惜都没做成。之后我又到霍普金斯大学当教授。我直接从工业界去霍普金斯大学做教授,这个还是比较幸运的。在霍普金斯大学,这里的人事业心比较重,创业心比较强,生活还是很充实的,尽管在国外已经站稳了脚跟,但我还是觉得回国创业更有成就感。博士毕业 18 年后,我又回到了北大,当年风华正茂的同学,都成为社会各行各业的中坚。我的同学有的从事学术做学者,有的从事管理成为政治家,还有的从事生产贸易,成为企业家。大学是人生最美妙的时代之一,大学时候的友情一辈子都不会忘记。我回北大当工学院院长,北大工学院是重建的。北大 1949 年前有工学院,1952 年院系调整,把工学的 5 个系分出去了,4 个系并到清华,1 个系并到天大,航空航天系并到天大。北大由原来的综合院校变成了以文、理特色为主的院校。改革开放后,北大紧跟国家经济发展需要,开始重建工学院,我是重建北大工学院的创院院长。我在北大当工学院院长的时候坚持给本科学生讲课,很认真地带研究生,我很享受教学工作。现在当校长了,讲课时间稍微有点难以保证,我主讲流体力学,对上课还是有激情的。

  人生有的时候有很多选择,但是你要选择你自己内心深处想做的。我来南科大之前担任北大工学院院长、北大副校长,但我感觉来到深圳办这所新大学更具有挑战性。2015 年 1 月 21 日,我受命来南科大担任校长。南科大对我的影响比当时北大工学院对我的影响更大。人总是要一步一步往上走的，我来南科大带着迫切希望是把这所学校办好。人生前行的时候需要动力，怎样做好一个大学校长？我来南科大之前认真思考、准备过。在北大校园我专门到蔡元培塑像前献花，我觉得应该像蔡元培校长一样，首先要有先进的思想。来南科大几年，我们很快聚集了一批优秀人才，一批世界上或者中国最好的学者。我们有坚强的学校领导班子，学校的核心已经形成，已经有了比较好的基础。南科大从朱清时校长创校开始很不容易，第一届学生没有国家学位，我们走的是改革的办学方向，办一所不一样的具有特色的大学。现在我们逐渐走过来了，成为国内外都比较关注、发展迅速的大学。

在办学过程中，引进高层次人才是校长的重点工作，这几年我们高层次人才引进工作成效显著，连续几年在深圳市各单位都是第一，去年（2018年）我们再次获得市政府奖励的"人才伯乐奖"，受到深圳市表彰。但过去的成功不代表着将来，我们要继续保持这样的状态会越来越难，因为深圳对教育越来越重视，香港大学、香港中文大学、北大、清华，还有其他大学都来或将要来深圳办学，深圳高校群雄并起，竞争压力还是很大的。我们主要靠事业、靠发展来吸引人，尽力打造一个适宜干事创业的平台，我们吸引了邓巍巍等一批优秀的海归教授。南科大已经有七大学院，现在还要和港科大合建深港微电子学院，5G、三代半，这是深圳科技产业发展的重点，也是国家科技产业发展的重点。最近市委、市政府已经决定把创意设计学院放在南科大，建深圳创意设计学院。我校的办学特色虽是以理工为主，但也需要人文社科和设计学院等。南科大规划要有十大学院，要把经济学院、医学院建好。现在深圳市人民医院、深圳市第三人民医院和西丽医院已经成为南科大附属医院和直属医院。从2012年开始到现在，我们的学科建设逐渐加强，理工科基本齐全，商学院大踏步前进，整个南科大的学科建设在快速发展。我们的目标是既要有宽广的学科，又要互相支持、互相守护、互相支撑。我们要建中国最好的大学，但规模不一定大，我们现有本科生4000多人，师生比例控制在1∶10。

南科大现在引起国内外广泛关注。泰晤士高等教育世界大学排名等大学排行榜都特别关注国际化，我们地处深圳这一国际化城市，南科大在全世界校长心目中都受到特别的关注。因为关心南科大就是关心深圳，也就是关心中国今后的发展，深圳代表着中国将来的发展，深圳会越来越好，南科大也会越来越好。我们已经与国际上一些著名大学建立了合作关系，南科大整个平台是非常好的。学校还成立了基金会，向社会筹款，这些都能让人感觉到南科大正在全面快速发展。学校已经成立了3个分别以诺奖、菲尔茨奖、图灵奖得主命名的深圳格拉布斯研究院、杰曼诺夫数学中心与斯发基斯可信自主系统研究院，还有前沿交叉研究院、量子科学与工程研究院、材料基因组研究院、深港微电子学院、人工智能研究院、第三代半导体研究院、新能源研究院等研究机构。学校初步形成了高质量、个性化的人才培养体系，努力让每一张成绩单都有灵魂、都有故事，让每一份GPA

（平均学分绩点）都有含金量。南科大几乎没有两名同学的成绩单上有完全一样的修读课程。想成为一名未来卓越的科学家、工程师或跨学科的人才，在南科大，你可以按照自己的规划选择自己的课程、科研和创新项目，形成有自己特色的知识、能力和思维框架。

我们要加快学校的建设，学校建设重点还是人才培养。我们设立了"校长下午茶"，旨在与同学们交流。我很高兴看到同学们在这样美丽的校园里健康成长，我尽可能参加与同学们的交流活动，和同学们一起去深圳人才公园，一起唱歌，我很享受与学生在一起的生活。

刚才跟大家分享了我的学习和工作经历，我的家国情怀。我觉得大学生活真的非常重要，我希望大家在学习好的同时，要多关心国家政策，在国家发展的大环境中去寻找自己的发展空间。要关心国家大事，关心集体，学会与人沟通交流，这对自己的成长很重要。南科大是要培养精英的，个人对今后的发展要深思熟虑，早做主。南科大采取2+2培养模式，每个学生要对自己的未来发展有一个规划，对自己选择的专业要有激情。关于未来的学习，我想给大家提几条建议。

一是打好学习的基础。大学是培养终身学习能力，培养自己求知欲的地方，打好学习的基础最重要。这个基础包括数理化生、计算机等基础，也包括人文社科、英文基础，以及各类专业基础。希望大家珍惜每一分时光，带着对知识强烈渴求的饥饿感，懂得下"笨功夫"，坐"冷板凳"，多读书，会读书。

2018年，马政佳、王晓栋、许一鸣分别以年度198本、176本和147本的图书借阅量成为南科大的阅读达人，他们就是有一种求知的饥饿感。今年在《自然》杂志上发表三维量子霍尔效应文章的物理系张立源老师是学校里一位扎实做学问的典范，用4年时间写出一篇重量级文章，这需要强大的基本功、好奇心，更需要耐心、信心与决心。

二是敢于挑战极限。越是源头创新，研究过程探索的不确定性越高。所以，我们要在继承前人成果的基础上，敢于创新，挑战极限。当我看到我校学生在全国越野大赛、散打比赛摘金夺银的时候特别高兴。因为追求卓越，崇尚竞技，这种挑战极限的体育精神和勇于攀登科学高峰精神是相通的。"志不强者智不达，言不信者行不果"，我希望同学们能自知与自制，管理好时间，管理好情绪，在挑战极限的过程中，不断提升自己的承重能力。

三是善于选择。兴趣是最好的老师，任何科学研究，最重要的是要看对于自己所从事的工作有没有兴趣。南科大为大家提供了丰富多彩的资源，比如南科大讲堂、前沿高端讲座、世界一流的实验室、与世界一流的顶尖学者交流的机会，等等；也为大家提供了多种多样的选择，比如专业选择、方向选择、就业选择、升学选择，等等。关键在于，你们要善于发现"自己的大学"，成为自己学习的主人。设计好自己大学发展的规划，形成自己的知识、能力、思维图谱，这需要智慧的头脑、自主的选择、探索的精神和坚韧的意志力。另外，现阶段科学技术的发展已经到了一个临界点，很多重大突破都是在前沿交叉领域中实现的。"单打独斗"式的科研很难适应源头创新的要求，跨界融合、团队协同、交流合作必不可少。我希望南科大的同学们，多参与学院活动、班级活动、社团活动等，培养团队协作精神与领导力。

四是了解社会，让学习生活具有方向感和时代感。改革开放赋予了深圳创新的基因，并将其烙印在这座城市的每个人、每个企业和整个社会观念之中。我希望你们在南科大求学过程中能充分利用好深圳的独特城市优势，让大湾区成为你一生的背景。南科大旁边的智园，离这不远的南山科技园，包括南科大教师办的企业等，实际上深圳市的每一个区都有很多注重源头创新的高科技企业，希望你们在大学阶段多到企业实践，做一段时间的 intern（实习生），进而通过这些企业，深入了解深圳、了解社会、了解国家，厚植家国情怀。

今年（2019年）网上最热的粤海街道办就在我们南山区，华为、中兴、腾讯、迈瑞这些民族企业都发源于此。未来因为有你们，有你们与深圳的结合，会有一批新的独角兽、世界级企业将发端于南科大附近，最火的街道办，将是西丽湖畔、南科大所在地的桃源街道办。最近几年，我们很高兴地看到，南科大的科研指标、国际排名、学生升学与就业水平都在快速上升。但是衡量一所大学成功与否最根本的是看它长远的社会影响力，而影响力最重要的是看学校培养的学生，也即你们的素质。每一个学生的将来都代表着南科大的将来。而南科大的使命就是培养同学们的担当能力与担当精神，使大家成为对社会有卓越贡献的栋梁，成为能够推动社会和人类进步的人才。

## 二、湍流、流体力学与现代科技

现在讲讲我的研究领域，我的研究领域是流体力学。我认为我的研究很重要，因为流体力学是我们日常生活中的常见现象。大家都知道物质状态，固相、液相、气相，除了固相，任何东西只要会动的都跟流体力学有关系。你现在讲一句话、跑一下步就是流体力学，早上洗澡，打开水龙头，开大一点，也有流体力学，航天、航海、环境等，都离不开流体力学。电影《流浪地球》中天体运动基本上都是流体力学。我主要研究流体力学中的湍流，那么湍流跟我们有什么关系呢？大家知道飞机，飞机飞行离不开湍流，湍流是流体运动的普遍形态，是流体力学核心问题，也是世纪难题，湍流对数学、力学、物理、非线性科学和复杂系统等基础科学有着深刻影响。

飞机、汽车和火车的运动都有湍流，它们的设计离不开流体力学，流速加大的时候就会成为 turbulence（乱流）。湍流对物理和数学非常重要。我们对大飞机 C919 附近流动做了真实的模拟，以便对其进行设计，可以发现，流动从层流到湍流阻力马上上升。我们现在当然知道这个基本的原理是什么，了解后就可以指导相关的设计。

对于超燃冲压发动机，它的马赫数是 6 到 10，在这种高速的流动中湍流起着重要的作用，流态从层流到湍流后，加热效应就更快。大家知道"哥伦比亚号"是怎么掉下来的吗？就是一块防热瓦脱落，因此附近传热加剧，导致它流动不对称造成了旋转，从而掉下来爆炸了。所以湍流问题对超燃发动机和航天飞机是非常重要的。

湍流对噪声的影响很大，噪声对飞机、导弹、潜水艇及相关国防领域都非常重要。下面我给大家讲讲潜水艇噪声，我国的潜水艇噪声要比美国和俄罗斯大 30 个分贝。在潜水艇噪声的机械噪声减少方面，我们这些年已经进步很大，但是对于湍流噪声我们却原地踏步了很久。所以我希望能有好学生留下来参与我刚才讲的研究。与美国相比，我们现在在湍流结构噪声方面还有很大差距，但是我觉得我们现在的实验基础也非常好，比如纳米激光技术。

我和我的团队研究的是超燃发动机的稳定性问题，我们在这个方面已经发了 10 多篇文章，全世界都在关注这个东西。我们 2018 年发了 1 篇文章，受到很大关注，1 年之内的引用有几万次，所以在这个领域中国还是可以的。中国学者实际上在湍流结构领域还是有蛮大贡献，我的导师周培源先生是世界范围内湍流方面的著名学者，他在 20 世纪 50 年代在国际上率先提出"先求解后平均"的湍流旋涡结构统计理论。我的博士后老板 Kraichnan（克莱茨南）也很有名，他是犹太人，原来家住俄罗斯，后来去美国，是 20 世纪全世界最好的湍流学者，在湍流方面做了很大贡献。

我想告诉大家，科学是比较好玩的，我们现在的实验设备也是相当不错的。国内的一些设备已经比较先进，比如超算，我们就处于领先地位。南科大跟北大有一个软件，基本上可以模拟所有东西，日常可以看见的东西都可以模拟，包括火车、飞机等。在 2000 年以前，中国科研水平在世界上的排名大概是 11 名，从 2000—2017 年，我们做了统计，中国现在的湍流研究，根据 SCI 的论文数量来说，已经是全世界第二位了，化学据说已经跃居世界第一。也就是说，我们的基础和应用研究有些方面已经不比国外差，所以，我们好的学生如果能留下来也可以做得很好，当然我们也支持出国，出国后也希望你们能来做这方面的工作。

国内专家认识到，"湍流是我国航空航天的卡脖子问题，本质上是湍流结构问题。""发动机转捩的精确测量是高升力压涡轮设计的关键。"另一个我想告诉大家的是流体力学对核聚变非常重要。这里头的核心问题是内爆引起的不对称，当然还有污染、风沙，等等。Science（《科学》）列出的 125 个人类未解决重要科学问题其中之一就是"湍流与粒子的相互冲突"。

我们做流体的，实际上跟计算机也有关系。最近有一篇流体力学年鉴刚出来，就讲这个 AI 在湍流中的应用。现在做研究跟以前做法有点不一样，以前大家基本上都是书本上的定理学习。现在很多没有定理的东西，基本上可以用 Data Science（数据科学，一种新专业）再加上 learn（学习）找到新的模型、新的自然规律。我们现在有一些人希望解决湍流问题，通过跟 Data Science 结合，跟 AI 结合，可以把以前没法描述的 new principles（新准则）加以描述。

我最近在中国力学大会的一个报告中，提出了新的观点，就是过去不能解决的科学问题，现在有望解决，If you dare to try it（如果你大胆去尝试）。我最近很想招一个学生，在座的学计算机的学生哪个愿意留下来帮我做湍流问题？希望今天讲了这堂课以后大家可以把眼界放得更开阔一些。

最后跟大家讲一讲发动机，我希望大家关注一下发动机。我觉得发动机现在产需非常大，特别是在军工方面。我国的军工应该说还是可以的，但是我们的商发面临的挑战很大，尚没有完全厘清各个技术的层次与关键。

我希望南科大的同学不要老盯着某一个学科，大家要关注各个系的不同学科，重视学科交叉，尤其是军工方面的研究，还有海上风能问题、波浪发电、潮汐发电等，这都是很好玩的，也是涉及很多学科的交叉。最后还有一个比较大的问题就是流体力学中导弹触水的问题，这个是我们没有解决的问题，潜水艇导弹触水向来是国家重要的研究课题。

关于我的科学研究就介绍到这里，我想告诉大家，南科大有很多的新兴领域值得大家去关注，除了计算机、数学、物理，我们还有很多新兴的工科，像力学、航空航天、人工智能、机器人、5G，我希望大家都踊跃参加，分散在各个领域，不要都挤在一起。关于我个人的经历和我们力学系的专业领域我今天就简单介绍到这里。谢谢大家！

 提问与回应

**学生1：请问校长，您在人生中遇到困难的时候是怎么想的？怎么做出判断的？怎么去解决的？**

陈十一：没有一个人是真正顺风顺水的。我有很多个人的曲折经历没有在这里讲，但是我的人生也是经过挑战的。人怎么走下去，关键是心里面要镇定。我当时在美国生活挺好的，做系主任，但是我发现在美国我没有那种奋斗激情。回到北大创建一个新的学院，我才觉得充满激情，现在在南科大，我感觉在创造一个新的像北大一样的大学，我觉得很有激情。所以我觉得关键要自己进行分析，一个人不可能一直一帆风顺的。但是你要有这个能力，要有相关知识，要能够把握住自己，把自己的人生过得精彩，让事业平稳发展，这就是你的专业素质。我觉得归根到底是面对各种问题，要学会自我分析、判断，找到最优发展路径。

**学生2：陈校长您好！您从本科一直读到博士后，您的学习方法是什么？或者说您建议我们有一个什么样的学习方法？您一**

直坚持不懈的学习方法能分享一下吗？

**陈十一：** 关于学习方法，第一我认为是要勤奋。GPA 对学生来说很重要。我给你举个例子，在浙大念书的时候理论力学和材料力学，120 分我都考 119 分的。为什么能做到呢？我在图书馆把所有我能找到的作业全部做完了，已经找不到新的题目了。类似于中学高考前刷题，只要重视这门课就能学好。至于如何学习，这个问题很复杂，但我做到了上课不迟到，永远坐第一排，永远最积极问问题。当天所要解决的问题，所有的作业都当天解决，这是我的经验。关键是一个态度，每个同学要扪心自问自己是不是把学习当成是你大学期间很重要的一件事，还是把交个女朋友、看看电影当作重要的事。所以，如果你把学习变成一种习惯，我觉得一定能成功。有很多同学能懒就懒，我告诉你这个不能懒。我大学从来没有在夜里 12 点前睡过觉，第二天 6 点钟一定会爬起来。为什么呢？因为我下乡了三四年，所以特别珍惜学习机会。因此，学习态度很关键，首先思想上要重视。GPA 对学生发展来说很重要，如果你 GPA 不好的话，出国申请就受限制。当然如果你说我要去创业，也许不是那么重要。

第二是要刻苦。有的人基础好，有的人基础差，我的经验是笨鸟先飞。我在浙大的时候英语很差，因为我之前读的学校是一个小学校，英文师资力量有限，所以英文学得很差。我就每天早上 6 点钟起来背单词、听英语。最后我考进了学校里的英文班，所以就看你有没有恒心和决心。有恒心，有决心，还要注意方法，不要偷懒。我们很多同学早上躺在被窝里，那怎么行？现在是奋斗的时候。天天在被窝里，周末找女朋友谈谈恋爱，怎么保证学习？你们年轻人谈恋爱可以理解，但我觉得大学要把精力，要把你的能量主要放在学习上。因为我们走向社会以后再也没有这样大段大段的学习时间了。

第二讲

# 李凤亮

1971年11月出生，汉族，江苏阜宁人，教授，中共党员。暨南大学文学博士，中山大学博士后，美国南加州大学访问学者。先后在江苏师范大学、暨南大学、中山大学从事教学、研究和管理工作。曾任深圳大学副校长、党委常委，兼任创业学院院长、文化产业研究院院长、国家文化创新研究中心主任、《深圳大学学报》（人文社科版）主编。现任南方科技大学党委副书记、纪委书记、工会主席，人文中心讲席教授。

李凤亮为国务院"政府特殊津贴"获得者，中组部"国家高层次人才特殊支持计划"（"万人计划"）入选专家，中宣部全国文化名家暨"四个一批"人才，"百千万人才工程"国家级人选及"有突出贡献中青年专家"，国家社科基金重大项目首席专家（两次），教育部艺术学理论类专业教学指导委员会委员，教育部"新世纪优秀人才支持计划"入选者，霍英东教育基金会"高校青年教师基金"和"高校青年教师奖"获得者，广东省优秀社会科学家，广东省宣传思想文化领军人才，广东省委宣传部及省文联"新世纪之星"入选者，深圳市国家级高层次专业领军人才，第三届"鹏城杰出人才奖"获得者。兼任中国世界华文文学学会副会长、中国外国文论与比较诗学研究会副会长、海峡两岸文化创意产业高校研究联盟副理事长、中国中外文艺理论学会常务理事兼文化创意产业研究会常务副会长、中国文化产业管理专业委员会副会长等。

# 文化自信与文化创新

文化是一个非常复杂的概念，全世界关于文化有 2000 多种定义。英国人类学家、文化学者爱德华·泰勒在《原始文化》"关于文化的科学"一章中说："文化，或文明，就其广泛的民族学意义来讲，是包括全部的知识、信仰、艺术、道德、法律、习俗以及作为社会成员的人所习得的其他一切能力和习惯的复合体。"当然在现实生活当中，我们更多地将从狭义角度理解文化，也就是强调文化的精神属性。我们说某一个人特别有文化，实际上是讲他的文化水平比较高，学历比较高，知识比较丰富，比较有见地。换句话说，这种精神性的文化的概念，更多地跟观念、价值、理论、思想和我们的社会心理联系在一起。

## 一、为什么要谈文化创新

我们高度重视自己的文化。南方科技大学应改革而立，应创新而生，作为科技类大学，我们也很重视她的文化建设。2018 年是改革开放 40 周年，中央媒体采访团来校采访，我们介绍了南科大的"六大创新",其中一个创新就是大学文化创新。大学文化是无形的,但它可以产生巨大的力量。

为什么文化创新在今天的中国显得特别重要?十八大以来,习近平总书记在2014年到2016年密集地召开了四次关于文化方面的座谈会,包括文艺工作座谈会、新闻舆论工作座谈会、网络安全和信息化工作座谈会、哲学社会科学工作座谈会。加上习近平总书记关于文化建设的一系列重要论述,显示出党中央和总书记对文化创新工作特别重视,将其作为"五位一体"建设的重要内容,上升为国家总体安全的组成部分。我2017年策划了一个画展,叫"为人民的艺术",邀请了画《延安文艺座谈会》的著名画家阎文喜先生,他80多岁了,拿出一生创作出的好多作品供展览,包括《秋收起义》《井冈山会师》《转战陕北》等。这个展览为什么叫"为人民的艺术"?实际上就是想纪念和回应1942年5月23日在延安和2014年10月15日在北京召开的两次文艺座谈会,思考"为谁而艺术"的问题。2018年中央召开了全国宣传思想工作会议,总书记在这个会上专门讲,说十八大以来的5年,宣传思想工作主要是"正本清源",因为过去在宣传思想文化领域有不少错误的观点和认识。大家意识到这几年对于舆论领域国家有很多规范行动,包括对一些劣迹演艺人员。这就是对宣传思想领域一种正本清源的行动,既要保持百花齐放,同时也要强调规范有序。习总书记讲,从2017年十九大以后,接下来5年宣传思想工作的重点是"守正创新",既要守中华民族优秀传统文化之正,又要创当代文化之新。所以提出宣传思想工作的五大任务：举旗帜，聚民心，育新人，兴文化，展形象。

为什么要谈文化创新？改革开放 40 多年来中国取得很大的成就，文化领域也不例外。我们一年生产国产电影七八百部，但真正上映的不到 300 部。我们现在的文化产品供给从数量上讲已非常丰富，一些传统文化也进入了当下生活，比如故宫文创。我两次去台北故宫，当时非常感慨，台北故宫有很多宝贝，更让我称奇的是台北故宫有很多衍生产品。比如翠玉白菜做成系列衍生产品，一个掏耳耙我买了几把，这个小物件过去售价只要 40 台币（约相当于 10 元人民币），但现在标价 160 台币，就因为一根红绳子穿了一个翠玉白菜的塑料坠子在上面，提升了文化附加值。这就是文化的力量！我当时觉得北京故宫文创不如台北故宫的文创，但经过几年努力，北京故宫博物院前院长单霁翔说现在已有一万多件衍生产品，比台北故宫还多，销售额超过了故宫每年的门票，更重要的是大家通过这个手段把中华优秀传统文化带回家，这就是文化创新的力量，是一种软实力。

软实力是美国发明的一个词。美国前助理国防部长、哈佛大学肯尼迪政府学院前院长约瑟夫·奈说："一个国家的综合国力既包括经济、科技、军事领域体现出来的硬实力，也包括因文化、价值观等吸引力表现出来的软实力。软实力是一种可以转化为同化性的权力，具有使他国心甘情愿去做本国希望做的事情的力量，即通过吸引别人而不是强制别人来达到你想达到的目的的能力。"

我们国家经过改革开放，在不断地提升软实力，但是跟美国比还有不小差距。我把美国的软实力界定为"三片"：薯片、芯片、大片。首先是薯片。大家知道麦当劳、肯德基，它是美国快乐自由的生活文化的象征。有一个鼓吹"和平演变"的美国人曾讲过这样一句话，说不要跟中国年轻人去谈"和平演变"，只要在中国的城市多开麦当劳和肯德基店，把美国的生活、文化渗透到年轻人当中，就行了。为什么？因为食品代表生活方式，承载着文化、传递着价值。

芯片代表着美国的高科技。去年（2019年）美国人大力打压中兴、华为，派出高级别政府代表团专门游说欧洲不要订购华为5G产品。一个国家动用自己的影响力来阻止一个企业的世界化发展，什么原因？高科技竞争。美国是世界头号科技强国，却不允许他国发展高新科技，这令人警惕和深思。有人说，现在美国在全面遏制中国："经济上打压、科技上封锁、政治上颠覆、文化上渗透、教育上忽悠。"我觉得不无道理。

大片，主要指好莱坞电影。2013年12月26日，那一天是毛泽东同志120周年诞辰，奥巴马在好莱坞梦工厂发表了一场演讲。他说，梦工厂是美国的经济引擎之一，好莱坞电影是美国最大的出口商品。我过去不相信，美国最大的出口商品不是波音飞机吗？但我后来算了一下，比如说《阿凡达》电影，拍摄花了2.3亿美金，算成人民币是大约17亿人民币；但《阿凡达》在全世界票房是27亿美金，相当于190多亿人民币，超过10倍的投资回报。哪一架波音飞机能够卖到190亿人民币？更重要的是奥巴马另外一句话:"不管你是否认可,娱乐是我们美国的外交政策的一部分,而且正是这个部分让我们显得特别。"美国就是通过文化产品、文化产业向全世界输出价值观,打造美国形象的。其实这些年来,美国、日本、韩国等发达国家大力发展文化产业,推动文化软实力的提升,给我们提供了很多启示。

什么叫文化创新?按我的理解,文化创新,就是以一种发展论的立场,通过观念、立场、手段、方法的变革,形成文化自身的革新与突破,进而为创新战略实施与软实力提升提供有力支撑。什么叫发展论?实际上在文化领域并不是所有的人都坚持发展论。比如 20 世纪初国故派和新文化派的论战,就代表了面对传统文化的不同立场。很多人认为传统文化应保持原样,一成不变。可能吗?如果昆曲永远是那个样子,一曲《牡丹亭》要演一个星期,我问问在座各位,有多少同学能够花一个星期坐在那里看?做不到!所以白先勇先生做了青春版《牡丹亭》。发展的眼光就是要理解、知晓文化是随着社会技术发展不断地开放向前流动的。中国是一个文化资源大国,正在向文化强国迈进,这一进程中不可或缺的就是文化创新。

## 二、文化创新的世界图景

弗雷德里克·马特尔历时 5 年,足迹遍及 30 多个国家,甚至冒着生命危险深入中东,采访了电影、电视、音乐、传媒、出版、商业戏剧、动漫、电子游戏等创意产业的 1250 位行业大咖，获得大量真实而精确的第一手资料，最终写成一本书《主流——谁将打赢全球文化战争》。如果对文化创新感兴趣，同学们可以找来看看。前几年，我们受深圳市政府委托，承担了《文化创意产业创新资源全球分布调查研究报告》的编制工作，对全球各国文化创新资源分布情况进行了分析，这里和大家分享一下。

先看看美国。美国在20世纪进行了两次争夺文化话语权的努力：20世纪上半叶的现代派艺术，20世纪下半叶的娱乐文化。美国20世纪上半叶经济很强，军事很强，但是在文化上没有地位，欧洲人瞧不起他。于是美国人大力推行"现代派战略"，搞现代艺术，颠覆解构欧洲的古典艺术。巴尔扎克很好，莎士比亚很好，但我都不稀罕。我搞我的现代派：音乐、美术、小说、诗歌……大家看艾略特、奥尼尔、约翰·斯坦贝克、海明威的作品，百老汇的音乐剧，好莱坞的电影，美国文化自此走向世界，美国第一次确立了文化主角的地位。第二次是随着电子媒体的发展，美国通过发展电视、娱乐、体育产业，以当代媒体、娱乐文化占据全球文化消费舞台。美国很少人谈文化产业（cultural industry）这个词，美国叫版权产业。版权是核心，所以美国特别重视版权保护。美国文化产业，从大口径统计占GDP的20%，美国的文化产品占据世界40%的市场，其中，美国控制了全球75%的电视节目的生产和制作；美国动画的产值几乎占据全球市场的30%；电影产量虽只占全球的6.7%，却占据了全球50%以上的放映时间；体育产业总规模约为3000亿美元，约占 GDP 的 2.3%，仅 NBA 一项就达到了 100 亿美元。这还是多年前的统计数据。

加拿大坚持内外兼修多元文化发展战略，我认为这是因为加拿大国土面积非常大，但是只有 3000 多万人，而且主要是移民。加拿大对文化创意产业高度重视，全社会都广泛参与和支持文化创意产业。加拿大有一套比较完整的文化市场运作方式和文化管理分权制，以总督名义建立的奖有"视觉与传媒艺术奖""总督文学奖""总督建筑奖""公爵和公爵夫人摄影总督奖"，为推动文化创新发挥了积极作用。

再看看欧洲的老牌资本主义国家英法意德。英国是非常厉害的文化创意产业国家，在文化领域最早明确提出创意产业（creative industry）概念。1997 年布莱尔当首相，专门成立了创意产业特别工作组，他亲自担任主席，意欲"通过英国引以为豪的高度革命性、创造性和创意性来证明英国的实力"，提出把文化创意产业作为英国振兴经济的聚焦点，将英国传统的"世界工厂"变成现代的"世界创意中心"。布莱尔敏锐地意识到创意产业会变成一个世界性产业，英国等老牌工业国需要实现转型，于是推出了"英国创意产业路径文件"。正是对创意产业的重视和推广，这些年英国电影、时装、设计等在世界上大行其道。英国已把自己的艺术博物馆 V&A 展览开到深圳蛇口，大家有空可以去看一看，经常有 V&A 的展览。

法国政府中央权力比较集中，在政府强势支持下逐步形成完善的文化支撑体系。举个例子，世界上电影几大制作中心：

美国好莱坞，印度宝莱坞，第三个就是法国。法国艺术电影在全世界非常有名，法国人实际上看不起好莱坞电影，你看戛纳那么小的镇子能举办全世界第一流以艺术为定位的电影节，是不是非常了不起？法国政府对电影产业非常支持，采取了税收、补贴等资助政策。比如从电影中收上来的税又返还给电影编剧、导演，去激励他们创作。而且法国有一个非常重要的政策，叫《文化例外法案》，这一点非常值得我们中国学习。在全球化的过程当中，金融、经济、生产、工业……这些都可以走全球化之路，但是有一个东西法国不会去全球化，就是法兰西文化。

意大利、德国的文化资源非常丰富，大家如果去过意大利，到过罗马、佛罗伦萨，就可以看到处处是文化。在德国，沿着莱茵河北上，当你看到莱茵河那么宽阔的水面、对面山上的古堡，你会觉得这是天堂一样的地方。这些老牌资本主义国家善于将优秀传统文化资源转化成今天的文化产业，比如德国的出版业、会展业和意大利的时尚业。意大利的时尚城市米兰50%的生产总值是由时尚产业贡献的。

日本把文化立国作为国家战略之一，致力于将"酷日本"国家品牌推广和植入日本文化产业的各个领域，向海外受众宣传日本文化，扩大日本软实力的影响。现在有许多人喜欢日本的动漫，比如宫崎骏的作品。

韩国也将文化兴国作为重要战略，韩国的电视剧不仅席卷中国，也受到世界很多国家的欢迎，韩国的游戏出口甚至超过了现代汽车的出口。这些文化产品在出口的过程中不仅赚了外汇，还传播了一个国家的价值观。

再来看看新加坡。我2018年率队访问了新加坡，回来后市政协举行"提升深圳文化品牌"的议政会，我就是以新加坡为例作汇报。新加坡其实跟深圳很相似：滨海风光，移民社会，历史短暂，以高科技产业、金融、航运等为主导产业。但是新加坡怎么忽然变成了全世界著名的文化城市？这跟新加坡对文化创意的重视有关。新加坡在海滨地带集中建设了一批文化设施，请国际大师来设计。所以我给深圳市提的建议，就是深圳十大文化设施应相对集聚，最好在滨海长廊上多布局一些，同时还要注意营造国际化的文化创意氛围。

印度电影的产量全球第一，这些年中国进口了很多部印度电影，比如大家看过的《摔跤吧！爸爸》《印度合伙人》。印度作为拥有13亿多人口的大国，其巨大的消费能力刺激着文化娱乐与消费的快速发展。澳大利亚、新西兰则非常重视依托自然资源来发展文化，《指环王》《纳尼亚传奇》《霍比特人》等电影就是在新西兰取景拍摄的。

总体来看，我们会发现文化创意产业正在成为各个国家转型发展、提升软实力的一个渠道。同时我们注意到，今天发展文化产业，不仅要依托传统资源，更要靠现代科技。有人统计说今天文化产业增加值的80%来自新一代信息技术为代表的现代科技。今天的文化产业发展，科技走在文化前面，实践走在理论前面。所以我们南方科技大学发展校园文化，也一定要走文化与科技相融合的新路。今天，文化创意产业信息化、虚拟化、体验化、跨界化、国际化的趋势十分明显。我们南科大有这么好的条件，同学们一定要充分利用学校、深圳、国家提供的条件到全世界去走一走、看一看，把先进的科技、理念带回学校，带回中国。

## 三、文化创新的中国战略

党中央、国务院高度重视文化创新工作。2011年，党的十七届六中全会明确提出要建设社会主义文化强国。为何要用一次中央全会来研究文化发展问题？我分析了一下原因，一是文化安全面临挑战。我们的孩子很多人不会写毛笔字，但会跳街舞；很多人繁体字不认识几个，但是说英文非常流利。我们南科大是国际化高水平研究型大学，英文一定要说得好，但是我们在追求国际化的过程中，有没有想到自身的文化传统、文化资源呢？二是文化创新不足。我们文化资源很多，但是我们创新较少。美国人拍了《花木兰》电影，拍了3部《功夫熊猫》，每一部都有10亿美元以上的票房。《功夫熊猫》里面说，"功夫的最高境界是不战"，这是中国道家文化的精髓，说明他们对中国文化的理解比较深，形式上却做了许多创新。三是我们的文化消费未得到充分满足，不平衡、不充分问题仍然突出。四是文化体制改革还需深化，一些制约文化创新的障碍仍未清除。五是文化传播的途径方式有待创新，软实力仍有很大提升空间。正是在这个背景上,文化创新不仅成为国家的重要战略,也成为各省区市发展的重点,因为文化创新可以创造经济发展新引擎,推动经济融合发展,打造区域文化名片。

除了北上广深等一线城市,杭州、成都、长沙、西安、武汉、兰州、常州、芜湖,这些城市近年来都做了许多文化创新的探索,可以说各有定位、各有奇招、各有建树。比如过去一提到芜湖,大家会想到曾国藩,镇压太平天国时他驻扎在芜湖,芜湖也是中国造船的重要基地之一。然而在现代经济转型过程中,芜湖却步履维艰。好在芜湖市委、市政府非常聪明,引进了深圳华强方特,建了4个不同主题的方特乐园,把一个重工业城市变成华东地区著名的主题公园旅游城市,成为城市转型的代表。再比如常州,只有三四百万城市人口,是一个中小型城市。但大家知道来常州的旅游人口一年有多少吗?号称有6000万,超过本地人口的10倍。江苏省历史上未出现过恐龙,常州却建设了一个开放型的恐龙博物馆——中华恐龙园,它实际上是一个恐龙主题公园,全世界都到这里来看恐龙。相比之下,恐龙之乡自贡却没有做这件事,显示出文化创新需要解放思想,可以"无中生有"。这些城市只是中国各地文化创新的代表。在"五位一体"总体布局中,文化正扮演着日益重要的角色。

### 四、文化创新的深圳路径

作为现代化、国际化创新型城市,深圳在文化创新方面也表现亮眼。广东省政协主席、深圳原市委书记王荣同志曾经说："深圳不仅创造了经济发展的奇迹，也创造了文化发展的奇迹。"大家知道深圳是一个文化资源并不丰厚的地区，但深圳却借助于理念创新和科技支撑，开展了一系列文化创新实践。

2016年，深圳做了两件有意思的事：评选深圳礼物和评选深圳十大文化名片。这两件事表明，年轻的深圳正逐步形成自身的文化自觉。

事实上，深圳这些年一手抓经济建设，一手抓精神文明，取得了突出成就。深圳连续四次成为全国文化体制改革先进地区，正是文化体制的改革激发出市场活力，推动了文化创新和文化产业的发展。深圳的公共文化服务有很多品牌：自助图书馆、市民文化大讲堂、深圳读书月、全球全民阅读典范城市，每个都很了不起。像自助图书馆，有300多个，遍布全市，方便市民借阅图书。2018年，深圳文化产业增加值达2621亿元人民币，占市生产总值的10%；深圳文博会成为唯一的国家级国际性专业化的文化产业展会，加上深圳文交所、中国文化产业投资基金，这些平台推动深圳文化产业不断创新。尤其是深圳大力推动"文化+科技""文化+金融""文化+创意"等融合发展模式，诞生了一批引领性的新兴文化业态。就文化交流而言，深圳是中国第一个加入联合国教科文组织创意城市网络的设计之都，也是世界城市文化论坛的入选城市。"深圳十大观念"成为深圳人文化精神和价值理念的集中表达。

近年来，深圳的文化创新有了新的开拓，尤其是《深圳文化创新发展 2020（实施方案）》出台，提出建立五个体系，方向更加明确了。一是城市精神体系。一个城市发展靠什么？靠干劲、靠精神，蓬勃向上的精神，一个学校发展也是这样。这方面，深圳将通过打造"关爱之城""志愿者之城"等一系列行动，提升城市精神面貌。二是文化品牌体系。一个城市要想发展好，一定要有品牌。当品牌建立以后，往往能够产生无尽的价值。深圳将在继续办好文博会、高交会、读书月、创意十二月和国际钢琴协奏曲比赛、国际标准舞世界杯公开赛、深圳青年影像节、国际魔术节等知名品牌活动基础上，积极申办"世界合唱比赛"，论证筹办"国际科技影视节""一带一路"国家音乐节和"深圳国际摄影大赛"等新的国际化品牌文化活动。三是现代文化传播体系。你有了好的品牌还要传播出去，所以，深圳在推动建立融媒体平台，报业集团、广电集团在深化改革，同时充分发挥腾讯这种大型网络平台的优势来推动文化传播。四是公共文化体系。深圳正大力推进"十大文体设施""十大特色文化街区"建设，并加快"互联网＋公共文化"建设进程，可以说，深圳市民很幸福，正充分享受"十分钟文化圈""一公里文化圈"带来的文化福利。五是现代文化产业体系。深圳文化产业能够快速发展，得益于市场机制、科技支撑、金融支持、政策保障、跨界融合，诞生了腾讯、华为等一批文化领军企业，而且这些文化领军企业大多数是民营企业，这是非常有意思的一个现象。希望在座的同学们，将来也能利用所学的科技知识，创办自己的文化科技企业。

## 五、文化创新的南科实践

南科大也在积极推进文化创新。虽然南科大是科技类大学，但是我们不仅开始建设自己的特色文科，而且采取了一系列文化创新举动。2018年，学校出台了《思想文化建设五年行动纲要》，提出思想文化引领行动、大学精神塑造行动、新型育人体系打造行动、师德师风建设行动、制度文化构建行动、学术文化营造行动、艺术体育繁荣行动、空间环境提升行动、大学礼仪养成行动、大学影响力拓展行动等十大行动计划。我们觉得推出这样一个系统的文化育人方案是非常重要的。育人是全方位的，既要教书育人、管理育人，也要环境育人、文化育人。当然我们也提倡同学们进行自我教育、自我管理、自我服务，因为大家都成人了，都有法律责任了。

按照这个计划，2018年，南科大重点推进了10件思想文化建设实事，2019年，又推出了15件实事，包括开展南科大VI标识推广使用、设置"朗读亭"、打造"学习书坊"、编制文科建设规划、策划南科大四季主题艺术活动、设立大学体育文化节等。我们举办了南科大空间（湖、山、路、桥、园）的命名征集活动，并邀请了许多文化专家、学者来校讲学。我们请上海交通大学钱学森图书馆馆长张凯先生来作钱学森精神的报告，因为南科大的建立就是要回答"钱学森之问"："为什么我们培养不出拔尖创新人才？"我们还请了故宫博物院（前）院长单霁翔讲故宫，请了敦煌研究院王旭东院长讲敦煌，也请了罗援将军讲国家安全，等等。这个学期我们还会继续请一系列文化名家来到我们大学，跟我们交流，欢迎同学们踊跃参与。

我们的目标是：一流科技大学要有一流文化！

## 六、关于文化创新的几点思考

从世界到中国，到深圳，到南科大，我们一直在文化创新的路上努力。但是文化创新不是盲人摸象，不能误打误撞，它有自己的规律、逻辑、路径。在这里，我讲几点思考和体会。

一是文化创新要处理好古今、中外的关系。陈十一校长提出一句口号，叫"扎根中国大地，建设世界一流研究型大学"。我们建设一流研究型大学，但不是要建成中国的哈佛、MIT（麻省理工学院），而是扎根中国大地来建设。文化创新也是如此，要处理好古今和中外的关系。在关于文化创新的论述中，习近平总书记讲得最多的是中华优秀传统文化，但是他讲传统文化，讲的是"双创"，一个叫创造性转化，一个叫创新性发展。只有这样，通过广纳博取、守正创新，我们才能建设具有中国特色、中国气派、中国风骨的新文化。

二是文化创新要进一步突出文化自觉。什么叫文化自觉？费孝通先生讲过一句话，他说，文化自觉是生活在一定文化中的人对其文化有"自知之明"，明白它的来历，形成过程，所具有的特色和它发展的趋向，不带任何"文化回归"的意思，不是要"复古"，同时也不主张"全盘西化"或"全盘他化"。文化自觉非常重要，没有文化自觉很可能坠入文化虚无主义里面去。像深圳这么一个新兴城市，高度重视发展经济，同时不断加大文化投入，知道城市未来真正竞争力不只在科技、经济、管理，还在于文化，这就是一种文化自觉。我们每个同学也要有文化自觉，知道自己从哪里来，要到哪里去。要扎根中国大地，铸牢家国情怀。

三是文化创新要坚持价值引领。创新是有方向、有导向的，不能创偏。价值观非常重要，习总书记说中华优秀传统文化是我们的战略性资源。为什么？因为它包含了博大精深的价值观念体系。总书记在谈到文艺时这样说："一部好的作品，应该是把社会效益放在首位，同时也应该是社会效益和经济效益相统一的作品。文艺不能当市场的奴隶，不要沾染了铜臭气。"这些话对于纠正当前文艺界的一些怪现象，是多么地有针对性啊！每个人也是这样，要有主脑，思想上要有价值引领。

四是文化创新离不开科技支撑。我们在座的每个同学都有手机。十年之前，智能手机、商务手机还是一个奢侈品的概念，今天同学们的手机更换得很快。手机在今天不只是一个通信工具，更是一个文化消费的载体和平台，是一个科技产品。科技是文化创新发展的基本动力，它推动文化产品更新，助力文化产业升级，加快文化企业转型。今天很多文化创新是由科技推动的，这些科技包括新一代互联网技术、数字技术、智能制造技术、新能源、新材料、新工艺、仿真技术等。从这一点来讲，我们科技大学的同学在文化创新上有独特的优势。

五是文化创造应该找准方向、寻求突破、创出特色。不管是一个国家、一个地方，还是一个学校，文化创新都要找到自己的突破点。我们要从大视野当中找准方向。深圳确立了全球区域文化中心城市、国际文化创意先锋城市的定位，南科大希望打造成为国际化高水平研究型大学，因此我们的文化创新就要建设与之相匹配的高品位国际化大学的大学文化。我们要用大改革精神寻求突破。深圳在这方面从来都是走在全球的前列，所以我们的文化创新也要走出新路。我们开这样的"现代科技与家国情怀"思政课，就是要把专家、教授的力量集合起来，跟大家进行思想交流。我们还要在跨界发展当中创造特色。今天是一个"文化+""互联网+""创客+"的文化融合的时代，敢于跨界、善于融合，我们才能走向更加广阔的文化创新空间。

最后我想说，中华民族伟大复兴的中国梦，也是我们中华文化传承创新的中国梦！希望我们南方科技大学的同学们，都能够加入这样一个文化创新的中国梦的历史进程中。

# 提问与回应

**学生：** 书记您好！有一种科技文化属于比较强势的，比如日本动漫、美国大片，对青少年影响非常大。我国也有一些新文化现象，比如抖音，但也被人们诟病说它危害青少年。我们的文化是科技导向的，对年轻人很有吸引力，很受年轻人的喜欢，年轻人喜欢这种娱乐方式。但家长们却认为青少年学生应该好好学习，不要去碰抖音这样的新媒体。请问如何看待这样的现象呢？

**李凤亮：** 谢谢这位同学。这个问题让我觉得你在很认真地思考，但是你可能只说对了一半。我肯定你说对了一半，是因为你注意到了今天我们在文化生产、文化消费和文化传播的过程中，非常重视青少年群体，非常重视利用现代科技的手段。如果我们到电影院去看一看，今天到电影院消费的主体力量，有人统计大多在28岁以下。《小时代》三部电影我都去看过，我去看《小时代》可能跟你们不一样，我一方面在看屏幕上的情节，另一方面我在看电影院的人。《小时代2》的时候我看到电影院大多是中学生，这个说明什么？我想说就是你注意到今天电影、动漫、游戏等文化消费的主要群体是青少年，那中老年去不去呢？也去，很少。我有一次跟我母亲说："老妈，我们一家出去吃饭，陪你看电影。"我妈说："我不去。"我说："那你干什么？"我妈说："我看黄金剧场，中央电视台八点黄金剧场。"我妈当时快80岁了，我说你今天一定要看一看，看看今天的电影院变成什么样子了，然后我妈在我们的软磨硬泡之下，出去吃了饭，看了电影。但是电影看到一半我妈就跟我说："赶快送我回家吧，我心脏受不了。"现在电影院的装修特别好，每个电影院装修花好几十万元，甚至上百万元，音响特别响，这是年轻人喜欢的文化体验。所以我说文化产业的核心是一个词——体验；能不能提供很好的身体体验、精神体验，是文化产品能否成功的关键。所以我说你讲对了一句话，青少年是体验的一个主要群体，你们见到老年人去蹦极的吗？见到老年人天天拿着游戏去打的吗？他们跟不上这么快的节奏。

第二个你注意到科技对娱乐文化的影响，这个很重要。但是你只是讲了娱乐，好像只有娱乐才能够吸引人们走进文化，其实不完全是这样。我更愿意将你说的游戏等这种娱乐，理解为一种文化体验。一些有很好的文化体验的产品，可以促进人们更好地去接受一种文化的熏陶、知识的传播。其实我们现在做了很多，利用很好的体验，甚至是游戏的方式来进行知识传播、价值传递，包括中小学生一些学习的软件，有些都采取一种游戏竞赛的方式。尤其是低幼的阶段、学前的阶段，甚至到了小学，我们都可以用这种游戏方式开展教育。所以我想，你今天提出了一个非常重要的问题，就是我们的教育方式、文化传播的方式、知识传授的方式,包括我们上课的方式怎么与时俱进,怎么突破传统,这是摆在我们面前的一个命题。为什么要倡导翻转课堂?实际上就是倡导一种新体验,学生变成主体,学生提出问题,老师和学生去共同解决,这都是对我们提出的挑战。我想我们南方科技大学在这方面也可以做一些比较有创新的实验。当然我也知道年轻的同学们,包括我的孩子其实很喜欢游戏,但是要控制一个度。我们讲文化产业一个重要的特点是沉浸式体验,但是沉浸度太高了,真的是会荒废人生、荒废青春的。还是希望大家有一个恰当的把握,谢谢!

第三讲

# 栗沛沛

博士，现任南方科技大学金融系助理教授，研究领域为中国金融理论及实证研究、银行业、债券市场以及金融科技。

栗沛沛，2003年于北京大学获得理学学士学位和经济学学士学位，2006年于清华大学获得管理学硕士学位，2014年在香港中文大学获得金融学博士学位。2015年，在中国证监会从事博士后研究工作，开始从事对国家金融政策的研究工作。在过去数年，致力于将金融领域前沿理论与中国金融实践相结合，探索中国金融理论，以期指导和解释社会主义国家建设资本市场的路径和问题。2012—2016年作为主要参与人连续编写《亚洲银行业竞争力报告》，获得银监会认可，该报告是考核银行的三大参考指标之一。在过去三年，曾参与多项政府研究，包括资产证券化、绿色金融等。

# 中国金融稳定

金融稳定是非常重要的经济和金融问题，关系到千家万户的生活。作为大学生，不管学习什么专业，都应该有一点金融思维，对金融现象有一些分析能力。为什么呢？

我认为有两个原因：

第一，我们现在处于社会主义初级阶段，而且要长期处于这个阶段。这个阶段的基本路线是什么呢？是以经济建设为中心。换句话说，我们这个社会要长期围绕经济做很多很多事情，我们身处其中，不懂经济、不懂金融会影响到我们跟这个社会的互动，也会影响到我们做的很多判断。

第二，中国现在的资本市场确实有很多投资者比较盲目，很多时候还没搞清楚情况就冲进市场，不明白市场运转的基本规律和基本原则，赚钱不知道为什么赚钱，赔钱也不知道为什么赔钱。这是很多股市散户投资的典型特征，是不利于这个市场健康发展的。大学生如果具备一点金融思维的话，至少在他们接触资本市场的时候不会太盲目。

这是我们今天"中国金融稳定"课程的开场白。这是个通识课，我先讲一下学习这个课程的理由，让大家有积极性好好学习。下面我们开始正式讲中国的金融稳定问题。

## 一、金融在经济中的地位和作用

首先，我想问一下大家怎么翻译"国计民生"？"国计民生"通常翻译成英文就是 Economy，也就是"经济"。这个词的翻译来自日本，我们的中文翻译是从日本直接借过来的。"经济"在我们的传统文化里是"经世济民"的意思，其实也就是"国计民生"。所以，经济研究的领域特别广，涉及社会运转的方方面面。为什么要研究这么多内容呢？因为哪里存在有限资源的配置问题，哪里就存在经济学要研究的基本问题。资源往往是有限的，人通常又是理性的，怎么把有限的资源配置到合适的地方去，这个问题在很多领域都适用，所以经济学的研究领域特别广。在经济学中，非常重要的一个领域是金融学研究。金融像是社会运转中的血液一样，会影响到国计民生，影响到经济的方方面面。有经济学家曾经说过，金融学是经济学皇冠上最亮的一颗明珠。金融到底有多重要呢？下面我结合国内外的一些论述谈谈对这个问题的理解。

### （一）国内方面

在国内谈到金融的重要性，我们经常引用历届最高领导人的发言和谈话。比如，邓小平同志曾经在1991年2月讲道："金融很重要,是现代经济的核心。金融搞好了,一招棋活,全盘皆活。"为什么这句话在金融领域影响很大?为什么邓小平后来能被称为伟人?我觉得从这句话中就能看出一些端倪。二十世纪八九十年代,"文化大革命"刚刚过去,改革开放刚刚开始,当时对于怎么建设和发展中国特色社会主义涌现出了各种思潮,其中不乏激烈的争论。那个时候,我们刚刚开始接触股票这种当时许多国人心中认为是资本主义的东西。到底能不能用时人误以为是资本主义的工具来发展我们的社会主义经济,这是很多人脑子里面需要思考的问题。这个问题当时对人的影响很大。

当时,股份制改革、股票等都是新事物,法律上没有清晰的界定。而且在"文化大革命"时这些事物都被认为是资本主义的东西,而搞资本主义的东西是有很大"罪恶"的。在当时那种背景下,邓小平同志能提出来"黑猫白猫,抓住老鼠就是好猫",允许大家使用股票、股份发展经济,是需要很大的勇气和魄力的。有了领导人的认可,市场才能放心大胆地去尝试,才有了后面的股票市场、资本市场等资本主义的工具。后来为什么大家经常引用邓小平同志的这些话,就是因为他解决了当时很大的一个争议。

接下来,我们看一下江泽民同志对于金融的看法和提法。江泽民同志在1997年为一本叫《领导干部金融知识读本》的书写了批语,其中讲道:"我希望各级党政领导干部和广大企业领导干部,都要学一些金融基本知识。"为什么这么提呢?在20世纪末、21世纪初的时候,作为国家的领导干部或者作为企业的领导干部，如果不懂金融知识，基本上没法管当地或者企业的经济。当时我们的经济已经逐渐从计划经济转向市场经济，而且市场经济已经有一点规模了。如果不懂经济和金融知识的话，没办法管理当时的地方和企业，所以必须学一些基础知识。另外，作为领导干部，肯定要跟金融打交道的，肯定会涉及资源的有效分配，因为我们一直都要以经济建设为中心。不管你学的是什么，经济始终是人们脑子里的一根弦，我们的很多工作都要围绕经济去做。而要发展好经济，又必须使用好金融这个工具。

胡锦涛总书记关于金融有一个表述，他说："做好金融工作，保障金融安全，是推动经济社会又好又快发展的基本条件，是维护经济安全、促进社会和谐的重要保障，越来越成为关系全局的重大问题。"这里面最后一句话最重要，说明金融已经成为一个关系国家全局的问题。到2017年的时候，习近平总书记又提出："金融是国家重要的核心竞争力，金融安全是国家安全的重要组成部分。"进一步将金融问题提高到国家安全的这个高度。后来，总书记又提出："金融制度是经济社会发展中的基础性制度。"奠定了金融在经济社会发展中的基础性地位。

在以上领导人的表述中，邓小平同志的话是"破冰"的，是解放大家思想的，让建设社会主义的我们可以接受股票等资本市场的工具，避开了意识形态方面的争论。后面领导人的表述则是解决发展问题的，将对金融的认识逐渐深化，并开始发挥金融在建设社会主义方面的重要作用。从这些表述中，我们可以看出金融的重要性和影响力并不低于科技、军事、文化等其他

"国之重器",因而得到了每一位国家领导人的高度重视。这是我们国内的认知。

## (二)国外方面

金融在国外知识体系的认知中也有很重要的地位。这方面的学者很多,我们挑选几个有代表性的人物讲一讲。Ross Levien(罗斯·莱文)是伯克利大学一位研究银行和金融的教授,他很有名的一个贡献是确认了金融对经济增长的作用。在20世纪50年代以前,传统的经济学普遍认为经济增长主要靠三个要素:资本、劳动力和技术,里面并没有金融这个要素。但是,Ross Levien等教授后来经研究发现,金融在经济增长中也发挥着重要作用。

所以,即使在发达的资本主义国家,金融对经济的作用也是逐渐被认可的。随着人们认识的深入,金融在20世纪50年代从经济学里分离出来形成了一个新的学科。然后出现了大量关于金融对经济增长是否有促进作用的研究和争论,这里面就有Ross Levien教授。他的主要观点是:市场通常都存在摩擦,是不完美的,所以在资源配置时会出现一些问题,这就需要金融发挥作用。金融市场和金融中介能起到降低交易成本、减少信息不对称、信用创造和期限转化等作用,从而助力经济的稳定增长。这种观点现在被普遍接受了。

另一位我想介绍的学者是Mckinnon(麦金农)。他的著名理论是金融压抑理论,从反面论证金融如果受到抑制将会阻碍经济的发展。比如，如果利率受到政府管制，借钱利率和存款利率不是由市场决定，而是由政府决定的；或者金融不自由，资本不被允许随意进出国内外市场，那么经济发展将会受到负面影响。1973年，麦金农在自己的著作《经济发展中的货币与资本》中提到，金融不自由会导致国内资本市场扭曲，进而破坏经济增长。这一理论可以部分解释发展中国家经济落后的原因。

麦金农的这一观点在刚提出来时是一种非主流观点，不被主流接受，但后来逐渐变得非常重要，影响了很多国家。很多发展中国家包括中国在内借此理论进行了金融深化改革，不同程度地推行了各自的金融自由化。比如，我们国家进行了利率市场化改革，利率由原来的政府决定改为由市场竞争决定。在一定程度上，利率市场化改革提高了资金配置的效率，活跃了市场。金融自由化有利于经济增长，但同时我们也要看到，很多国家在金融深化改革之后发生了不同程度的金融危机。这其中的原因是什么？我们中国会重蹈金融危机的覆辙吗？这是我们需要思考和探讨的问题。

## 二、中国的金融不稳定现象

前面提到，我国在改革开放以后做了很多金融深化改革。这些金融改革会导致金融危机吗？到目前为止，虽然我国发生了很多金融不稳定事件，但没有出现大的金融危机。主要是因为我国的金融体系是高度管控的，不太容易发生大规模的金融危机。

虽然没有大的金融危机，但我国的金融体系从建立开始就不断发生各种金融事件。在 20 世纪 80 年代，我国资本市场尚未建立，所有的金融事件都发生在银行体系里面。典型的现象是，90 年代时我国银行体系的呆账、坏账超过 1.4 万亿元，严重损害到银行的正常运转。后来经资产剥离，对银行注入资本，并对银行公司治理及经营管理进行改革完善，才逐渐发展成为我们今天相对稳定的银行系统。但即使是这个强管控的银行体系，近些年也开始不断出现金融不稳定事件。比如，2013 年的"钱荒"，银行之间拆借现金极为困难，隔夜利率甚至达到年化 30% 以上。2019 年，包商银行因严重的信用风险被银保监会接管，成为近年来市场打破刚性兑付的历史性事件。

资本市场建立以后，股市成为另一个金融不稳定事件频发的场所。我们可能都有印象，中国股市从 2007 年的 10 月到 2008 年的 10 月有一次大的波动，在 1 年内下跌了 72.81%，很多有闲散资金的投资人在股市的剧烈波动中损失惨重。这次股市波动之后就是长达 5 年的漫漫熊市，直到 2013 年股市才有了一波新的上涨。当时政府为了促进资本流向实体经济、提高效率、降低杠杆等政策目标，出台了一系列政策，使得大量资金流向股市，推高股市到达新的高位 5170 点。但好景不长，到了 2015 年市场就开始掉头向下，酿成了直到现在我们都记忆深刻的股灾。这次股灾，很多投资人在加杠杆和强平的过程中血本无归。

除了股灾，在我国的债券市场、互联网金融等领域也发生了各种不稳定事件。比如，2018 年我们搞去杠杆、去产能，要求企业降低杠杆,经营差的"僵尸"企业退出市场,这使得很多企业没有能力偿还债务,形成债务违约。债务违约又影响到市场信心,让很多经营健康的企业也无法借到资金,最终形成债务漩涡。同样在2018年,本来发展如火如荼的P2P(点对点网络借款)发生大规模跑路事件,严重打击了投资者的信心。

这一连串的金融事件虽然没有爆发出金融危机,但却表明我国金融体系内部确实存在问题,而且这些金融事件的影响范围越来越广,频率越来越高,破坏力越来越大。以上我简单介绍了我国金融稳定的现状。总的来说,虽然不能说我国有金融危机,但的确存在很多金融不稳定因素。

那怎么理解中国的金融不稳定现象呢?中国金融不稳定的根源在哪里呢?在这方面,我们南科大金融系的何佳老师做了很多研究。他的一个主要观点是:我国的渐进性改革和金融的全局性特征存在矛盾,由于渐进性改革造成了金融领域大量的套利机会,这些套利机会使得我国无法在金融市场上形成一个横向的风险收益对等的定价体系,这是我国金融不稳定的根源。当然,金融稳定是比较复杂的问题,研究的流派和角度很多,尤其是中国的金融稳定问题,又涉及社会主义与资本主义国家不同的新问题,同学们感兴趣也可以试着分析研究一下。

## 三、金融稳定的理论流派和分析工具

最后我介绍一下学术界研究金融稳定的流派和工具。首先讲一下怎么理解金融稳定这个概念。

### （一）金融稳定的概念

什么是金融稳定？这个概念没有统一的定义，我把它分为两类。一类是早一点的看法，像国际货币基金组织 IMF、国际清算银行 BIS 等机构持有这种观点。他们认为：只要金融体系能够抗击内生或者外部冲击造成的不平衡，继续履行提高实体经济运行效率的职能，那么金融体系就是稳定的。这种观点的重心是实体经济，只要金融体系还能为实体经济提供服务，那么金融就是稳定的。这是 20 世纪 90 年代时大家的看法，现在很多人也是这么认为的。

另一类金融稳定是指金融中介、金融市场以及市场基础设施均处于良好状态，能够应付各种冲击，当冲击来临时，整个金融体系能够运转正常。这是 2000 年以后大家对金融稳定的理解。与第一类观点相比，这类观点更注重金融体系本身的稳定，而非实体经济的稳定。为什么会发生这种变化呢？因为金融体系在 2000 年以后发生了巨大变化，出现了很多新的金融产品以及新的金融机构和金融工具，市场变得非常复杂，已经不完全是为实体经济服务。

### （二）金融稳定的理论流派和分析工具

怎么分析金融稳定或者不稳定呢？这方面的文献非常多，理论学派也很多，因为学术界也非常关注这个问题。我们大致可以将学术界的分析角度概括为三种：宏观角度、微观角度和其他新角度。

### 1. 宏观角度

宏观角度的分析又被称为"传统智慧"，主要由 Schwartz（施瓦茨）等学者提出，盛行于二十世纪八九十年代。这派学者认为金融稳定跟实体经济和货币政策息息相关。比如，实体经济的价格可以通过微观和宏观两个机制影响金融稳定，常见的现象是通货膨胀可以影响金融稳定。还有另外一些研究人员认为，金融现象更多的是一个货币现象，跟货币的发行量有关。早期的"传统智慧"认为金融稳定是个宏观概念，很少关注微观层面上的金融传导机制。

### 2. 微观角度

微观角度的分析多是从金融的传导机制入手，持有这种观点的人比较多，他们认为市场并不完美，存在信息不对称、交易成本等摩擦，这些问题是金融不稳定的根源。金融不稳定是怎么从微观机制里一点点衍生出来的呢？这里面又有很多解释。一个是 Minsky（明斯基）提出的金融不稳定假说，他认为金融不稳定是金融体系的内生问题。在经济扩张的时候，银行贷款相对比较盲目。为什么呢？因为银行跟公司之间存在信息不对称，银行虽然不知道公司的实际经营状况，但是因为市场形势很好，就会多放一点贷款。但是等到经济下滑的时候，银行收回这些贷款就会遇到很多困难，进而造成呆账、坏账和金融危机。明斯基的分析工具是 Stiglitz（斯蒂格利茨）等诺贝尔经济学奖得主提出的信息不对称，主要从银行和贷款者之间的信息不对称入手分析。

另一个比较有名的微观机制是 Diamond（戴蒙德）和 Dybvig（戴威格）在 1983 年提出的 DD 模型，也叫 Bank Run（银行挤兑）模型。他们从银行和存款人之间的信息不对称入手，提出一旦某些银行出现危机，存款人由于恐慌会集中提款，挤兑整个银行体系。DD 模型影响很大，可以用于分析很多领域的挤兑现象，包括 2018 年金融机构之间的挤兑。

### 3. 其他新角度：金融改革

这种观点认为金融不稳定的根源是由经济改革或金融改革造成的。他们（持此观点的学者）观察到，很多国家进行了金融深化改革，但改革之后马上发生了金融危机。比如，苏联 20 世纪 80 年代开始从计划经济向市场经济转轨，放松利率管制、资本管制，然后开放金融市场。但是做完这些金融改革之后却出现了银行危机、金融危机，甚至最后解体。我们不禁要问，是不是改革造成了金融不稳定？金融改革要不要做？应该怎么做？

中国也在进行金融改革，因为这对经济增长有很大的促进作用。我们采取的是渐进性改革，循序渐进，没有做一步到位的改革。在渐进性改革的过程中，我们走一步、试一步，成功建立起了国家的银行体系、股票市场、债券市场、保险市场，等等，拥有了一个相对比较完整的金融体系。一定程度上讲，我们的改革取得了很大成绩，但这个改革过程同时也造成了前面提到的诸多金融问题。尤其是改革的渐进性和金融的全局性之间存在着不可调和的矛盾,这可能是我国金融不稳定的根源。

以上简单跟大家分享一下我对金融以及中国金融稳定问题的理解。金融是个很大的领域,金融稳定问题是个复杂的问题,希望我的分享有助于增进大家对这些问题的理解。

## 提问与回应

**学生 1：您是怎么管理自己的储蓄的？**

**栗沛沛：** 我自己的话就是买一些理财产品或基金产品，对我来说这是最好的方式，因为我没有很多时间盯盘。我个人并不建议学生去买股票，除非你这方面有天分，或者说你特别喜欢，家里也有一定的支持，因为在中国股市里赚钱的比例相对比较低，风险也高一些。如果要买股票的话，一定要搞清楚股市里暗藏的金融逻辑，或者是投资哲学，也就是这个市场的规律。某种程度上市场是有规律的，如果你能找到，你就能找到这个市场的密码。

此外投资还要非常理性，要克服心理上感性的弱点。不要特别好胜，在赔钱的时候也要迅速止损，其实市场是很锻炼人的。真正的投资不但需要你具备很好的心理素质，还需要有很多历史、经济、政治、文化方面的知识。

**学生 2：当中国股市从 2500 点上升到 3100 点，是否股市就进入牛市了呢？**

**栗沛沛**：中国股市的规律性不强，学术界的研究也没有发现很明显的规律。有人开玩笑说，中国的股价就是随机游走。所以在中国股市投资的话，要谨慎小心一点。

**学生3**：您刚讲的我们国家也进行了经济改革，但是与苏联走资本主义的发展道路不同，我们走的是中国特色社会主义道路，目前我们是一个社会主义制度下的资本市场。那我们的资本市场里有什么最大的特色？

**栗沛沛**：苏联是休克式疗法，我们没有学它，我们知道那条路走错了，毕竟苏联最后解体了，所以我们走了渐进性改革这么一条路。金融也是一样，以前我们觉得国外发达国家金融做得好，要向他们学习，但后来发现发达国家的资本市场也会出现很多问题。所以我们必须非常小心，不能别人做什么，我们也去做什么。我们一定要找到自己市场的特色和规律，走自己的发展道路。

在金融这个层面来讲，我认为金融的做法在不同的国家可以很不一样，而且没有对错可言，没必要对国外的做法亦步亦趋。我们这个资本市场的最大特色应该是社会主义制度和中国共产党的领导，我想这是跟国外很不一样的地方。

**学生4**：现在由于货币泡沫化导致货币贬值、通货膨胀，而一般家庭抵抗货币泡沫化的方式就是买房子。但是买房子的门槛又过高，这是否会导致一些问题呢？

**栗沛沛：**房子的这个问题容易导致贫富差距加大。很多金融产品是有投资门槛的，比如我们刚刚讲的信托产品，有的曾经给到 10% 的收益率，但是需要 100 万元的投资门槛，即使一般的理财产品也需要 5 万元的投资门槛。也就是说，投资者必须得有一定的资金才能获得这个投资机会。这是金融领域存在的一个问题。

现在政府也非常重视普惠金融，让更少的资金、更小的企业都能获得金融服务，或许会缓解这方面的问题。但不管怎么说，都需要有一定的金融知识才能参与到投资市场中，不能盲目做投资，买房子也有投资失败的案例。

**学生 5：我有一个同学，她很喜欢金融数学，但是不喜欢金融，而且对钱不感兴趣，我想问一下您对钱的看法。**

**栗沛沛：**我对钱的看法就是不要过度追求钱，做事情时不要把钱放在第一位，而是要把创造价值放在第一位。如果我们能创造出价值，钱自然而然会追着我们走。对钱的看法可能更多是一个价值观的问题，不是一个对错的问题。

喜欢金融数学很好，我觉得只要做的事情和自己的兴趣以及能力是匹配的，并且对社会是有益的，那么就是好的。但我觉得大部分的学生将来都是要踏入社会的，要跟人打交道的，所以最好知识面能够广一点，不要完全钻进书本的牛角尖里，为了数学而数学，为了公式而公式，要把东西活学活用。从这个角度讲，学金融数学的同学如果再懂一点金融的知识，会让自己的金融数学学得更好。

第四讲

姚新

南方科技大学计算机科学与工程系讲席教授，计算机科学与工程系主任，深圳市计算智能重点实验室主任。姚新教授是计算智能领域国际领军学者，先后被评为教育部长江学者讲座教授、美国电气电子工程师学会会士（IEEE Fellow）。

其主要研究领域包括演化计算、智能优化、机器学习、大数据分析等，尤其是在约束优化、多目标优化、动态优化、集成学习等方面做出了开创性的研究成果。姚新教授曾担任英国伯明翰大学计算机科学学院计算机科学系讲席教授，IEEE 计算智能学会主席（2014—2015）和 *IEEE Transactions on Evolutionary Computation* 主编（2003—2008）。他在国际学术期刊和会议发表多篇论文，谷歌学术总引用超过 5 万次，H- 指数 100。其成果先后获得 IEEE Donald G. Fink 论文奖、*IEEE Transactions on Evolutionary Computation* 杰出论文奖（三次）、*IEEE Transactions on Neural Networks and Learning Systems* 杰出论文奖等国际性奖励。他还获得了 2020 IEEE Frank Rosenblatt 奖（历史上第一位华人），2013 IEEE 计算智能协会演化计算先驱奖，2012 英国皇家学会沃尔夫森卓越研究奖等国际大奖。

# 计算机、人工智能和未来产业的发展

今天要我讲的题目非常大：计算机、人工智能和未来产业的发展。我讲不了。今天我不可能仔细讲什么是计算机科学与工程。如果要我讲，至少可以讲三年半。我今天准备给大家简要介绍的内容大致是：首先，讨论一下什么是人工智能，然后花一点时间看一些应用；其次，分享一些信息，告诉大家现在大咖们认为人工智能的产业有多大，或有多小；再次，介绍一下南科大在这一方面是怎么布局的，这个布局包括教学、研究方向。这和大家的切身利益关系比较密切；最后，简单说说人工智能发展的趋势会在哪些方面。

## 一、什么是人工智能

这个问题，仁者见仁，智者见智，在学术界还没有一个统一的人工智能定义。那你说能不能给出一个大概的描述，描述非常多，我这里抽出三个略微典型的描述。最早的描述，是1956

年开达特茅斯会议的时候讲的人工智能。那时描述人工智能的关键字是智能行为，就是说非常强调行动和行为。我们再看第二种描述，是斯坦福大学 Nilson（尼尔森）教授对人工智能的描述。他说人工智能一定跟知识有关系。就是怎么表达知识、怎么获取知识、怎么使用知识、怎么产生新的知识。第三种描述就更有意思了，是麻省理工学院 Winston（温斯顿）提出的，就是一个计算机系统能做过去只有人才能做的事，这就叫人工智能。

我希望看到的人工智能系统是什么呢？首先，我希望这个系统能像人一样会思考，也就是说，能做推理类比，就是从一些旧的知识能推出新的知识。这一点现在的计算机是做得不好的，希望我们将来能够做到。其次，希望计算机能听懂一个声音，能看懂一幅图像，还能像人一样行动。这里"懂"字是关键。我给你看一幅图像，我说看到没有，你说看到了。看懂了没有？你可能会犹豫一下，说看懂了，或者说没看懂。看到和看懂不一样，听到和听懂也不一样。现在智能搜索、机器学习、语音识别、机器翻译等，似乎有一点点像"懂"，但不是真正的"懂"。

人工智能，实际上它是一门技术科学，大家要是把人工智能只理解为应用的话，就有偏差。那这个学科里面包括什么？它有理论、方法学，一套技术，还有它的一些应用的系统。虽然应用系统我们看得比较多，但是应用系统必须建立在坚实的理论基础和方法学上面。

## 二、人工智能三大分支

下面讲讲人工智能都有哪些分支。我这里给大家讲3个分支。要真正讲细的话不是3个分支了,30个分支都出来了。

第一个分支也是最古老的分支,就是智能搜索。

智能搜索就是现在假如处在某一个状态,这个状态可以是一张地图上的状态,或者下棋的时候棋盘当前的状态等。这叫初始状态A。那我脑子里还有一个终结状态B,比如下棋时的终结状态,应该是我赢的状态,而不是对方赢的状态。智能搜索就是怎样能在最短的时间内从我的初始状态找到我希望的终结状态。这里面有一个很重要的计算机科学的根本问题,那就是对找到最终解的效率极其重视。我们感兴趣的是如何在尽可能短的时间内找到一个最优解。

第二个分支就是推理,在人工智能里面发挥着非常大的作用。

现在大家都说知识就是力量。你说知识是力量吗?是还是不是?你为什么说知识是力量?

学生1:因为有了知识我们可以创造无限的可能。

姚新:好,因为有知识可以创造无限的可能。所以说知识就是力量的时候,是因为这个知识可以让你产生出新的知识。所以你有的知识或许能给你一些力量,但是只有在你能产生新知识的时候,才具有真正的力量。所以推理非常重要。

计算机自动推理就是研究怎么设计出一些理论、方法和技术,只要我们给定一些已知的知识给计算机系统,它就能自动生成一些我们以前不知道的新知识。这跟古老的逻辑有关系，这个逻辑包括非常简单的三段论。这也是为什么我们南科大一定会开一些逻辑课。推理是一个非常有前景，而且非常重要的人工智能分支。

推理有两种最重要的方式，一个叫演绎推理，一个叫归纳推理。这两种推理方式大家在中学和大学学过，并且是一辈子都在学，一辈子都在用。人工智能领域现在用归纳推理的非常多。举个例子，大家都用手机，手机能识别你的指纹、头像和声音，归根到底全靠归纳推理。是它看了很多的例子，然后推断出来的。归纳推理跟演绎推理有一个本质的不同，就是当前机器学习中归纳推理出来的结论不是真正证明出来的，不一定都正确，这就是为什么所有的图像识别系统都会犯错误。归纳出来的结果一定是跟它看的样本点密切相关的，如果你从出生到现在看到所有人都是戴眼镜的话，你可能会认为人类是必须戴眼镜的。你信不信？

第三个分支就是机器学习。

现在绝大部分的机器学习方法，大家接触到的都是基于归纳推理。我这里讲三种非常经典的学习方法。

第一种就是有监督学习。比方说我现在给你一个样本，或者一个例子。这个例子有输入输出，例如用人脸来识别性别，我会告诉大家这个人脸是代表男性，那个人脸代表女性。然后计算机根据这种带标号的数据学习。

第二种机器学习方法叫作无监督学习。就是数据只有输入没有输出。那你说这学什么东西啊？这个好像不太好理解，只有输入没有输出能学什么东西？无监督学习不是学输入和输出之间的关系，而是学数据之间的相似性关系。

第三种比较常见的方法就是强化学习。强化学习就是学习的过程不断会有反馈信息，但是学习的正确答案不清楚。就像我给大家布置作业，然后你做完作业以后我告诉你，这个作业做得挺好，比另一个学生做得好。但是我并不把正确答案告诉你，所以这就有点像增强学习。如果每次都给你正确的答案，就变成了监督学习。

## 三、人工智能应用

第一个例子就是图片搜索，都不需要输入关键词就能搜索。无论是百度还是其他的搜索引擎，你还可以用声音做搜索，这个在以前是很难做到的。

另外一个跟人的生存有很大关系的应用，就是人工智能在医疗和健康辅助设备方面的应用。科技发展的初始阶段往往是把人类从一些烦琐的体力劳动中解放出来。脏活、累活人都不愿意干，但是计算机科学发展到一定程度以后，你猜一猜它将来会把哪些人解放出来？真正能解放出来的往往是在所谓的职业分工两端。大家看新闻的时候都知道，在西方社会比较好的职业是医生和律师。但是大家再仔细想一想医生和律师工作的特点是什么？医生看病过程，既没有证明也没有推断，他凭什么？他凭的是科学和经验。经验性的东西本质是在做归纳推理。医生看了好多的个体，依据前面看的200个病人症状跟你差不多，都是感冒，所以你也是感冒。这是他的推理。我想这种推理人类应该做不过计算机，为什么？你看200个例子，计算机就能看2000个，而且还不要工资，还不累，还不会跟病人吵架。所以，看病的时候，真正用机器看病，比用人眼看和分析有可能要好得多。

大家再去想想律师一天到晚在做什么？

学生2：咨询。

姚新：律师做咨询，他咨询凭什么？他看的法律书比你多，他将法典一本一本地记在脑子里。所以这是他的一个强项。他的第二个强项，他看的案例比你多。这两件事律师也做不过计算机。所以说医生和律师受到人工智能的威胁更大一点，其他职业受到的威胁还小一点。

还有一个应用是垃圾自动分拣。我刚才说了，重活、脏活、危险的活可以用机器去替代。垃圾分拣不是一件容易的事情。大家可以想象一下，假如垃圾堆里面有塑料、罐头、纸，你怎么分拣啊？人很容易分辨，但靠机器就不太容易。

我不知道大家有没有想说，以后我造一个人工老师，我不要姚老师你在这里。我自己设计一个我喜欢看的老师，然后天天站在那里给我讲。可不可以？

学生3：看网课。

姚新：看网课，所以你说将来这种机器人可以给大家上网课，好主意。我有一些问题，但是我这里就不详细讨论，我只给大家提示两点：一是你可不可以做得到？二是如果做到了，你愿不愿意去上这个网课？想想这两个问题，非常有用。

我还想说说自动驾驶。我们计算机系有一个智能交通中心，专门做自动驾驶的。所以大家有时间可以去看一下。若发现有的车走得特别小心，走得比你还慢的话，那可能是一个刚刚学步的自动驾驶车。

交通风险的预测实际上不是一件特别容易的事情。因交通事故而去世的人，每年都有很多，已成为一个大问题。如果在座的同学能把这个问题解决，不但是对中国有贡献，而且是对全世界都有贡献。这个问题之所以难，是因为这个问题不是一个固定环境下的静态问题，而是一个动态环境下不断变化的问题。因为整个过程都在变。你在解决问题的过程中你都不知道哪些在变化，必须有一些智能的应对方法。这就是为什么现在计算机科学和人工智能都非常强调自适应性和自学习。

智能零售已经有商店了。但我个人不太信任它的门禁的安全性，要是进去了出不来就是一件尴尬的事情。大家对计算机科学感兴趣的话，应该也学一学计算机安全和计算机隐私。大家如果真正对计算机科学感兴趣，或者对人工智能感兴趣，千万不要认为这是一个纯技术学科，一定跟人文是有很大的关系的。为什么呢？因为用计算机科学发明出来的技术，最终还是要给人用。

## 四、人工智能产业发展问题

我从网站上搜集到一些有关人工智能产业的信息，大家说说,看看能不能读出我想给大家传递的信息。

2016年的一个网页,讲中国人工智能产业规模及预测,它说2016年会突破100亿元,2017年将提高50%,达到150亿元。它说到2019年大概有344亿元。这个网页到了2017年说根据相关报告指出,2017年中国人工智能核心产业规模超过了700亿元,预计到2020年大概是1600亿元。

大家读出来什么没有?没读出来?不会吧。你们上课时老师肯定会告诉你们怎么读这些信息啊,要把这个字面的东西读进去。读出了什么东西?同一个网页两年的内容,其字面后有一个很重要的信息——真正的产业发展是比人的预想要快得多,也大得多的。2016年的时候它说2017年大概能到150亿元,其实2017年的时候是700亿元。是预测不靠谱吗?不是预测不靠谱,而是这些产业的发展已经超出了预测范围。

下面我给大家介绍一下国内两个公司,一个是百度,一个是阿里。然后我稍微提一下它背后用的技术是什么东西。

百度的搜索、游戏等应用,背后最根本的技术十有八九是深度神经网络。所有这些应用根本的特征都是搜集信息、建模和判断。信息可以是图像,可以是生物信息,然后做出判定。深度神经网络算法,不但现在可以做二维视觉和图像,还可以从二维扩展到三维,现在可以看到一些三维的图像,不用戴特殊的眼镜,这些已经可以做得到。也可以做三维重建,从二维图像里面生成三维图像。

这些应用,它的技术方法不外乎两种。一种做学习,学习就是用深度学习网络。另一种就是做检索,智能搜索,在千百万幅图像中找到自己最需要的那一幅,判断两幅图像之间的相似性,或者两段视频的相似性。这些应用虽然是五花八门,从字符识别到面部搜索,但其背后的技术一定跟深度学习和图像检索有关。

大家再看阿里系列的应用和技术。它做什么呢?它做字符识别,还有一系列的应用。它做人脸识别,然后做客服机器人。这是阿里已经商业化的应用。这些应用中,识别类的应用比较多,跟图像视觉有关系的比较多。视觉是一个什么功能?是一个感知性的功能。人工智能发展到现在,它对感知类的任务完成的效果比较好。视觉是一个,听觉也是一个。感知除了视觉和听觉还有什么?嗅觉是感知,触觉也是感知。如果你做一个机械手抓一个鸡蛋,十有八九要么掉地上,要么就把它捏破了。为什么?这个触觉反馈系统不是那么好做的。

大家看上述两家公司的应用里面什么东西比较缺,跟知识有关系,跟自动推理有关的,即如何从已有的知识中产生出新知识。现在的人工智能还做不好知识推理。所以大家要是看媒体忽悠你说人工智能怎么神奇的时候,你不要跟着它走。媒体引领的人工智能可能会把你引领到沟里面去。

## 五、我国将人工智能定位为战略性技术

我仔细学习国家政策后的第一点体会,就是国家对人工智能

非常重视。我语文不太好,但是我还是知道有顿号的时候表示顿号前后的东西是一个并列词。并列词的意思就是说它的重要性和规模是类似的。人工智能跟新材料居然能并列到一块去了,人工智能和生物制药也并列到一块去了。由此可见国家对这个领域的重视程度。

我学习后的另一个体会就是人工智能是一个战略性技术。国家认为发展人工智能是一个战略抓手。从学科发展来说,大家可以看国务院的一些规划,教育部也有一些规划。

那么,为什么南科大要办一个智能科学与技术专业呢?因为这是国务院和教育部鼓励大学发展的学科。因为工业界,尤其是大湾区的信息技术产业,对这一学科有很大的需求。

现在简单谈谈海外的情况。有一个海外专家是专攻人工智能和机器学习技术的,我就去听他的报告,了解下他们怎么看人工智能与机器学习技术,看他们认为什么重要,什么要"卡脖子"。神经网络和深度学习被列为第一,不准出口,不跟你讲,你们自己弄去。第二个是进化和遗传算法,有出口管制,你们自己弄去吧。第三个是强化学习,等等。大家听完以后有什么感觉?真有意思。

## 六、南科大计算机科学和人工智能方面的资源及未来的主攻方向

在我们学校,大家可以利用的资源是什么?

第一个资源是早在 2017 年的时候，咱们学校就成立了人工智能研究院。2017 年我们建立了深圳市计算智能重点实验室。所以大家将来到三年级要进实验室的时候，这是一个可以利用的资源。到了 2018 年，我们又成立了"南科大智能交通中心"，大家感兴趣也可以去看看。2019 年成立了"广东省高校演化智能系统重点实验室"。可见学校对人工智能非常重视。

有同学也许会说，姚老师，我才刚读一年级，你给我讲研究是不是远了点？不远呀，到 9 月份我们会招新的智能科学与技术的本科生。所以大家将来三年级选专业的时候，这个应该是可选的专业之一。但是我有一个观点想强调一下，无论你学什么专业（包括人工智能），计算机科学一定是基础。

现代科技的发展，计算机科学与技术是根本。任何一个现代的科学研究领域都离不开计算机科学与技术。大家信不信？你做材料我不让你有计算机，你做得了材料吗？你根本做不了材料，你连一个方程组都解不出来，你还做什么材料呢？材料的特性常用一大堆的微分方程来描述，许多微分方程是没有解析解的，只能用数字解。同理，你做生物，做制药，都需要建计算模型，通过计算模型分析预测把什么东西和什么东西兑到一块，然后再去做实验。所以计算机科学和人工智能技术真正成了其他科学技术的一个基本的支撑。

真正要学好人工智能应该瞄准什么地方呢？我的体会是数据非常重要。没有数据，当前的人工智能什么都做不了，现在的人工智能应用非常依赖数据。另外还依赖什么呢？还依赖巨大的算力。

这种依靠大数据大算力的做法一定不是人脑的做法。大家识别猫和狗，你看过100万只猫的照片吗？没有，你才看两次就知道了。所以说，虽然现在人工智能系统做得似乎很好，但也许有不同的途径做出这样的系统，可能会一样好。

我一再强调有的算法是处理静态的问题，有的算法是处理动态的问题。处理动态问题的话就棘手多了，动态分为确定性和不确定性两种。没有不确定性的是可预测的，但是不确定性是不可以预测的，不好建模。所以很多研究算法的人真正想解决的问题是，在一个动态不确定性环境下，怎么找出最合适的答案，不见得是最佳的答案。所以，假如将来大家进入计算机科学专业或人工智能专业，一定是把所学的课程围绕三个方面进行思考：数据、算力、算法。

我最后再强调一下，做技术的，还是应该关心人文方面的事情。五六年前我读过一篇文章，海外有一位教授做了一个实验，他把芯片植入老鼠的大脑里面，然后搞了一个遥控器，控制老鼠在迷宫里面怎么走。是不是还蛮有意思的？活着的老鼠。你说姚老师讲这个故事干什么，我摸不着头脑。大家回去想一想，这如果纯粹从做研究上来说是挺有意思的。问题是，如果真的这么无控制地做下去它会是什么样子？这个芯片如果不是植到老鼠的大脑里面，而是其他生物大脑内，这事可能就有点问题了。

 提问与回应

学生1：教授您好，我想问一下如果摆脱现阶段科学发展的局限性，您认为人工智能产业发展的天花板在哪？就是您眼中它未来能到达一个什么高度？

**姚新**：你是说这个产业发展的大小还是从应用领域来说？

学生1：从应用领域来说。

**姚新**：我觉得应用领域里面现在是最有前景的，能看到、感知到的如听说读写的一些东西。听说读写里面理解性的东西现在是做不了的。从研究的角度来说，一定是往理解和推理这个方向发展。因为这一方面的需求比较多，但是现在做得不好。

学生2：老师，有没有想过哪一天给人也植入芯片，通过芯片来进行人组网，比如说社会学、哲学问题等。

**姚新**：这个问题问得非常好。有两方面，一方面是现在芯片有植入人脑的，但是我看到的所有的这种应用都是医学方面的应用。比如说有大脑疾病的人，或者是对一些肢体瘫痪的人。但第二个方面你讲的这个，我从来没有想过。因为是通过植入

芯片扩展人的智力，然后通过群体的方式解决一些个体解决不了的问题。这个我不知道怎么做或者是该怎么做。所以说这是一个很好的问题。如果你对这方面研究感兴趣的话，一定要注意，所有跟人打交道的实验要特别小心，涉及伦理问题。

**学生3**：刚才您PPT里面有一页提到了启发式算法和元启发式算法，二者有什么区别呢？

**姚新**：启发式算法通常针对不同问题要设计不同的启发式信息。但元启发式算法通常具有很好的通用性，同一算法可用于不同的问题。

**学生4**：老师，如果作为通识课来学，新生想要学两门计算机课，除了java之外还有什么课会比较好？

**姚新**：这个问题非常好。作为通识课的话，学java和学计算机导论应该可以的。

**学生5**：教授您好，我一直在想一个问题，就是像一些大专的学生，如果只学技术的话，他们也能够熟练地使用编程。作为我们学校的学生，如果想学计算机类的课程，我们应该掌握的知识，和他们应有什么区别呢？

**姚新**：这个问题问得是好得不能再好了。

计算机科学实际上有一个特点，你在大学学到的知识在大学毕业的时候有些已经过时了。4年前学的语言和一些工具现在可能不适用了。那你会说这不是很亏啊,我上技校出来写代码好像写得更快。其实大学里面你学的一定是学知其然和知其所以然。以程序设计作为一个工具来说,在技校里面你学习用java怎么写程序,好比我告诉你这是一个扳手,你就学怎么用这个扳手,但是他可能不会讲这个扳手设计的原理,那在计算机科学系我们一定要讲这个原理。这些原理是跟着你一辈子的,这是真正区别一个人上没上过大学的地方。

**学生6:** 姚老师,我是一个材料系的研究生,我们本科的时候有一句话"条条大路通CS(Computer Science,计算机科学)"。我想问的是,像我们这些非CS的理工科研究生,应该从什么角度切入这一波AI的浪潮比较合适,非常期望听到您的意见。

**姚新:** 条条大路通CS,这话蛮有意思。很多做计算机科学的本科专业并不是计算机科学。比如有些学物理出身的人做计算机做得很好,实际上这跟思维方式有关。

回到你的问题,我觉得切入可以有不同的层次啊。假如说你要真想慢慢了解人工智能这个领域或者计算机科学领域,你可以从应用开始做起。你做材料的可能跟物理有点关系,你可能做模型的能力比较强,从这里可以入手。如果你做演绎的能力比较强,就去做推理,你可以从那里起步啊。如果真要转到计算机专业来的话,我觉得可以以问题为导向,通过解决问题来有针对性地学习。这比你从什么CS1、CS2这些课程开始肯定要好。

第五讲

邓巍巍

南方科技大学力学与航空航天工程系教授。1999年和2001年于清华大学工程力学系分别获得学士和硕士学位，2008年于耶鲁大学机械工程系获得博士学位。历任耶鲁大学博士后，美国中佛罗里达大学机械与航空航天工程系助理教授（2010—2015），美国Virginia Tech（弗吉尼亚理工大学）机械工程系终身制副教授（2015—2017）。他带领的课题组主要致力于微尺度带电射流和液滴的实验流体力学研究，同时拓展其在打印制造柔性电子方面的应用。研究方向包括微小液滴产生，液滴与界面冲击和相互作用，微小射流的产生、失稳和破碎，液滴冲击基板的动力学，液滴的蒸发过程等基本科学问题，以及基于液滴的薄膜沉积和柔性功能材料器件的打印制造。课题组关于带电微射流双重失稳的工作曾被 *Physical Review Letters*（《物理评论快报》）作为封面文章发表。2012年他指导的学生创业团队依托自主专利技术获得美国能源部主办的首届清洁能源创业大赛一等奖、东南赛区第一名。2015年获得NSF CAREER Award（美国自然科学基金杰出青年教授奖）。

# 放飞青春梦想　书写人生华章

今天是个好日子，因为是春分，而我讲的题目就是"放飞青春梦想　书写人生华章"。所以我觉得在春分日跟大家分享一下人生感悟是一件很美好的事。

十九大报告 3 万多字，倒数第二段是关于青年的，最后两句话就是"在实现中国梦的生动实践中放飞青春梦想，在为人民利益的不懈奋斗中书写人生华章"。这段话中有很多的关键词，值得认真解读，下面我就试着解读一下。

首先是那段话中有一句话"勇做时代的弄潮儿"。我们的陈校长在 2017 年开学典礼的时候对我们 2017 级的新生说："祝贺你们成为中国高等教育改革浪潮的亲历者和弄潮儿。"

所谓"弄潮儿"，就是站在时代潮流的前沿。改革开放之初，出国留学成"潮"，现在却正在经历中国改革开放以来最大规模的人才归国潮。十八大以后中国留学生回国总数已经达到 260 多万人，这背后有着很多深层次的原因，今天我与大家分享一下自己从美国辞职回国的心路历程。

## 一、顺着时代大潮，在美国拿到终身教职

在高中的时候，我看过一本非常喜欢的书，叫作《人生》。该书开篇就说："人生的道路虽然漫长，但紧要处常常只有几步，特别是当人年轻的时候。"相信大家随着自己岁月的流逝，对这句话会有更多的体会。我前半生其实就是顺着时代大潮，按部就班走过，获得硕士、博士、博士后，在美国拿了终身教授，觉得今后这半辈子可能就这样了。

终身教授英文是"tenure"，你有了 tenure 之后，你在学术上跟任何人，包括各种领导有完全不同的意见，也不会因此而被解雇。所以我觉得 tenure 在学校应该是无冕之王。在美国，很多人选择教职就是为了 tenure 而去，有了这个之后生活上就有了保障，学术自由也有了保障。

我认为终身教授是既重于泰山，又轻于鸿毛的东西。说重于泰山是因为这背后承载了很多年的努力，说它轻于鸿毛也确实就是薄薄的一张纸。

## 二、美国自然科学基金规模 30 年未变，中国则增加了 300 倍，超过了美国

作为教授，一个最重要的职责就是写基金申请。因为你要运营一个实验室是需要很多资金的，尤其是在美国，人力成本非常高，必须不断写基金申请。我在刚写基金申请的时候，自

我感觉写得非常好，可在写完交出去之后，被拒绝了就有点不能接受。当时我的系主任说，他前面申请了 7 个美国国家自然科学基金都被拒绝了，这样我立刻心态平稳了许多，感觉好多了。后来我也是申请第九个基金时才成功的。所以说在美国做终身教授，"举头望明月，低头写基金""少壮不努力，老大写基金""垂死病中惊坐起，今天还得写基金""洛阳亲友如相问，就说我在写基金"，等等。

在美国之所以竞争这么激烈，是因为在过去大概 30 年中，美国自然科学基金的资助水平没有大的变化，资金总盘子都是在 60 亿美元的样子。但是中国过去 30 年，国家自然科学基金增加了 300 倍，总体达到了 240 亿美元，而且每年都以百分之几到十的速度在增长。

## 三、人生重大变化是各类机缘的际会

做成一件重要事情需要满足一些条件，全部满足这些条件其实蛮需要缘分的。要加入一个新的学术圈，必须有人脉条件。学术圈和江湖非常相似，比如说学术圈跟江湖的核心关系都是师徒的关系，尤其是在读博士生、读硕士生的时候，这是很讲究缘分的。出道之前都要有艰苦卓绝的锻炼，然后经常还会开个会。比方说江湖里面会开英雄大会，学术圈里会开很多学术会议。学术圈跟江湖都非常讲究出身、门派、辈分、名号还有地位。最后，学术圈和江湖都是需要出去闯荡的，如果说想让大家知道你的话,你必须去走一走。

我当时就是抱着闯荡江湖的想法来南方科技大学做一个学术报告。当时就见到了陈十一校长,那是在 2017 年开学典礼的时候。我跟陈校长是流体力学的小同行,我在大学里的一个好兄弟是陈十一校长在美国时候的博士后。所以我跟陈校长在学术上是有很多联系的。那次跟陈校长只谈了半个小时,就彻底改变了我的人生轨迹。

那时我申报的引进人才的截止岁数是 40 岁,我当时是 39 岁,就是在赶末班车。我当时嘴上说是申请看看,实际上内心认定,已经是等不及、等不起,必须申请,必须成功。

后来我在《海归记》里面写道:"不知道为什么,在学术的江湖漂泊了这些年,突然来到这。不觉得陌生,反而有一种置身桃花岛舒适的感觉,想在这停留,一个小火苗冉冉升起。"

## 四、放飞梦想:把南科大建成"中国的斯坦福"

同学们,我们生活在梦幻般的地方,作为南科大的学生,还有什么理由不努力奋斗呢?我最喜欢的一句话是"南科大二十年搞不好要超过斯坦福"。我觉得这可以作为我们共同的梦想,青春的梦想。

把南科大打造成中国的斯坦福,这可以是我们在座每个人的青春梦想,在这个梦想当中需要我们每一个人都实现自己的飞跃。因为斯坦福不是那么容易就建成的。

你"放飞"靠什么？大家看到没有，鸟要飞起来的话，它腿上得有肌肉，它得使劲地蹬腿，羽毛要丰满才能飞起来。"放飞"就是要靠肌肉和羽毛，我把肌肉和羽毛比作理想和本领。如何获得肌肉、羽翼和本领，我给大家的建议是参与课题组的科研。当然会有其他的办法，但我觉得这在南科大是非常好的方式。

本科生为什么要做科研？

科研背后包含着很多的东西，科研需要很多的精神。比如说需要好奇心，需要谦虚，就是说在一个未知对象面前要谦虚；还需要坚持、需要冷静、需要细心严谨，等等。

大家想一下，进实验室可以获得什么？最简单的、最直接的是可能获得一项成果，就是说你通过研究，可以写一篇论文或者可以得到一些加分，等等。这些当然重要，但更为重要的是可以获得一种能力，因为科研的过程是发现问题、分析综合、解决问题的过程。知易行难，要通过具体的实验才能够去锻炼这些能力。

科学研究还需要规范、联想、创新、协调等能力，这些能力不仅适用于科研，对做很多其他的事情也是通用的。科研还能培养优良的品德，真正的科研对人的品行和德行有颇高的要求，需要坚韧、谦虚、忍耐，等等。只有严于律己，按照这些要求磨炼自己，才能终有所成。

## 五、奋斗：志存高远、脚踏实地

十九大报告里面还有一个词：奋斗。我特别想跟大家来讲一讲"奋斗"这两个字。

我回国之后，2018年2月担任系副主任，组织"理论与应用力学"本科专业评估，通过了。2017年主持完成"航空航天工程"本科专业申请，2018年3月获批立项。然后作为主要参与人参与了力学一级学科博士点/硕士点的申报，也获批。

我对我们组学生的期望是应该每周投入100个小时在你的学业上。我的一个学生在陈刚院士的讲座结束时就问他："您觉得我的老师要求我每周投入100个小时在学业上合理吗？"陈刚院士没有直接回答他，他说他自己在做助理教授的时候每天早上4点钟就起床，5点钟到办公室。不仅是像陈刚院士这么有成就的人如此，在美国的院士，这种级别的人，每周肯定不止投入100个小时在学术上。

我的意思就是，优秀跟努力正相关。钱学森说过："任何科学上的伟大创新都是平凡的大量积累的结果。"所以，同学们不要小看平时这些平凡的、大量的重复性工作。

在十九大报告里面还有一句话"志存高远，脚踏实地"。有本领的同时还要有担当，担当我觉得与报告中说的"志存高远，脚踏实地"实际上是一个意思。

美国有一个很年轻的总统就是肯尼迪，他说过"Ask not what your country can do for you; ask what you can do for your country"。就是说你在问国家可以为你做什么之前,你先问问你可以为这个国家做什么。我觉得这是美国人对于担当的理解。

南科大作为一个开办不久的学校,它肯定有很多很多不完美的地方,同学们肯定会在很多方面觉得不适应。在这个过程当中,你可以吐槽,但是不要只是吐槽,你要想有什么解决的办法。有个同学觉得校车的时间分配非常不合理,然后他吐槽,吐槽完之后提出了一些建议并反映给后勤部门,结果4天之后这个校车的时间就改变了。这个同学就是2018年的十佳毕业生宋立博,他把自己当作南科大的主人,勤于思考、善于总结、无私分享、勇于行动、敢于担当。他正面影响了很多人,包括我在内,我给他写了十佳毕业生的推荐词。

我觉得有担当者的最终极的状态,就是务实的理想主义者。陈校长在接受专访的时候说:"我是有理想、有情怀的人,但是我也很务实。因为对一个理想主义者来说,最重要的是make it happen(使它发生)。"如果不happen(发生)的话,理想就跟没理想无本质区别。

我的经历告诉我,只有在时代大潮中才能放飞青春梦想。这个大潮,发展的大潮,海归的大潮是可遇不可求的。我们在这个历史趋势里有这个历史机遇,我们在亲历历史,而且我们有机会去创造历史。南科大2017年本科生录取通知书上写着"一路向南,让我们一起来创造一个大学教育的中国奇迹"。我觉得这话是非常振奋人心的,放在现在乃至再往后10年、20年都不过时。所以说，来力学与航空航天工程系是可以帮助我们放飞青春梦想的。

我写的《海归记》由我母校的出版社出版了，你看清华大学跟南科大同时在一本书的封面上出现，这还是不容易的。如果在座的同学选择力学与航空航天工程系可以获得签名赠书。最后我要说：力航系伴你放飞青春梦想，书写人生华章。谢谢大家！

## 提问与回应

学生1：老师好，刚才您讲的给我印象很深的就是说一周要学习100个小时。但是我计算了一下，因为我一般睡眠时间是8个小时。然后算了一下每天要花14个小时在学习上，那么我一天的自由活动时间只有2个小时。

邓巍巍：我觉得平时你保持8个小时睡眠是没有问题的，这是为了养精蓄锐。像你说的，你刚才说的这个算术很多同学都跟我算了，最后的结论就是我每天只有2个小时的自由活动时间。但是在我看来，既然你在这个学校，如果说你认同我们有某种梦想的话，那你实际上连那2个小时都不应该有。甚至是你做梦都需要考虑一些问题。

我说的100个小时，是连走路、吃饭的时间都算进去。比如说你吃饭的时候你也可以跟同学讨论一些问题，你走路的时候可以戴着耳机去听一些东西。我说的100个小时是跟学业相关的事情，不是说在写作业，在实验室、图书馆等的时间。你只要在琢磨一件事情，这都是你的100个小时。这些是一个很厉害的数学家讲的他的科研经历。他说他不是一个反应非常快的人，但是他就会在走路、吃饭时都做那一件事情。如果你睡觉都在做那一件事情的话，你又赚了 8 个小时。所以我觉得对于年轻人来说，每天 14—18 个小时投入在你喜欢的事业当中，这是没有任何问题的。有些玩游戏的同学，连续 14 个小时玩游戏绝对不是问题，他可以叫外卖再继续玩，他甚至可以穿纸尿裤继续玩。关键是你有多喜欢、多投入这件事情。另外，我刚才说你可以睡眠 8 个小时，但在某种程度上，你甚至是要透支这 8 个小时的。因为有一些关键的比赛，或者是关键的时候，你就是要牺牲睡眠时间的。像我如果连熬 24 小时，可能恢复不过来，但是你是可以的，所以在该透支的时候就透支一点。我的观念比较极端，大家不一定完全赞同。但是你如果说你拿不出 100 个小时，我肯定是不相信的。只能说是你对这个事情没有那么大的热情，没有那么投入而已。

学生 2：邓教授您好，我比较关注的是您做回国决定的理由。我注意到，不光是您，许多在外留学深造的人，他们都选择回到祖国。那我的问题就是，以前在新中国刚刚建立的时代，有很多像邓稼先、钱学森这样的大师，他们做出回国的选择，我觉得他们那个时代考虑得更多的是热爱自己的祖国、为祖国和人民去奉献自己的一生。我想问的是，在这个时代，除了我刚才提到的这些爱国情怀之外，您当初在做这个决定的时候还有哪些其他的不同的因素或者原因，促使您最后做出这样的一个决定？

**邓巍巍**：这个问题也有不少人问我。当时陈校长跟我谈了半个小时，我们之间有很多默契。因为他也是在美国学术圈做了很久的，而且他坐的位子更高，他坐上系主任的位子了。但是也可以说，以陈校长这种大才，在美国当上系主任也已经是要触到天花板了。就是说在他今后多少年，他要考虑处于这种评职的限制，还是怎么样。对于我以及很多在国外的华人教授来说，拿了终身教授，或者是拿了正教授之后，基本上也就到天花板了，就进入匀速直线运动时期。我们高中物理学过，匀速直线运动你没有参照物的时候，跟静止是一样的。这是很可怕的一件事情。所以对于我来说，我还希望有一个上升的曲线。那这个上升的空间在中国是无限的，陈校长回来是可以做北大的副校长，可以做南科大的校长，他可以做院士，等等。对于其他海外回来的人，在中国也会有更广阔的天地。所以对我来说，房子从大变小这没有任何问题，因为你一闭眼，基本上就是一张床那么大。但是你一睁开眼之后，你会发现这个事业的空间要比在美国大很多。我觉得这是很多人回来的一个主要原因。

第六讲

# 汤涛

理学博士，中国科学院院士，美国工业与应用数学学会会士（SIAM Fellow），美国数学学会会士（AMS Fellow）。汤涛教授1984年取得北京大学数学学士学位；1989年获英国利兹大学数学博士学位；1990年至1998年执教于加拿大西门菲莎大学，取得终身教职；1998年加入香港浸会大学，2003年任数学讲座教授。汤涛教授曾任香港浸会大学数学系主任、研究生院院长、理学院院长。2015年5月被聘为南方科技大学副校长，数学系讲席教授。

汤涛教授长期从事计算数学研究，在偏微分方程自适应算法、高精度算法及其理论研究方面做出了重要贡献。曾获基金委海外杰出青年基金、教育部长江学者讲座教授、国家特聘专家、英国Leslie Fox数值分析奖、冯康计算数学奖、国家自然科学二等奖等多项奖励和荣誉，是2018年国际数学家大会45分钟邀请报告人。

# 现代教育与家国情怀

## 一、中国现代高等教育的开端

中国现代教育是从 1898 年京师大学堂开始的。京师大学堂是一个叫孙家鼐的清朝状元创办的,他是第一任校长。他 32 岁中状元后做了光绪皇帝 20 年的老师。孙家鼐办京师大学堂的宗旨是:"以中学为主,西学为辅;中学为体,西学为用;中学未有备者,以西学补之;中学其失传者,以西学还之;以中学包罗西学,不能以西学凌驾中学。"这个实际上就是我们今天谈论的要以西方的办学方式、西方先进的科技知识为辅助,让我们的学生学到更多知识,这是在中国大地上办大学的一个基本思想。我们现在认为最早的留学生是一个叫容闳的人,他出生在离深圳不远的地方,是珠海市南屏镇人,1847 年去美国,他是第一位在耶鲁就读也是第一位从耶鲁拿到学位的华人。还有一位叫唐绍仪的人,他来自珠海唐家湾,1874 年去美国,1881 年归国,当过民国首任总理。还有一位是在技术上给我们留下了非常深刻影响的,给中华民族做出重大贡献的詹天佑。詹天佑 1872 年赴美，1881年归国，他是最早自主设计并建造铁路的中国人，不只是主持设计和修建了京张铁路，更重要的是在修建铁路的过程中培养和造就了一大批中国专业工程技术人才。

讲到中国的现代教育史，不可避免地会提到北京大学历史上最著名的校长蔡元培。他在北大做了12年的校长，因开创"思想自由、兼容并包"的学风而被后人敬仰，他也是我们教育史上的一座丰碑。还有一个在近代教育史上具有里程碑意义的就是西南联合大学，有8年多的历史。清华、北大、南开三所高校在抗日战争的时候，在国家危难的时候不得已迁往南方。先迁到长沙，遭到日军轰炸，再被迫迁往昆明。那时校园的条件非常艰苦。开始是铁皮房，后来变成茅草房。当时三所学校的校长是南开大学的张伯苓、清华大学的梅贻琦和北京大学的蒋梦麟。当时办学是非常了不起的，为什么非常了不起呢？最近有一个电影叫《无问西东》，就是描述那个时代、那些青年人，在艰苦的环境下是如何奋斗的。有人献身科学，有人献身保家卫国的战争。当时包括周培源、梁思成、林徽因、金岳霖等学界泰斗都在西南联大培养了非常多的学生，在那么艰苦的环境下，为中国造就了一大批的栋梁之材。后来很多为我们所熟知的学术大家实际上都是受益于当时的西南联大，比如杨振宁、李政道、华罗庚等重要科学家都是在那个时代培养的。那时的西南联大学生邓稼先后来为我们国家的原子弹做出了重大贡献。而季羡林、冯友兰、闻一多、费孝通等人文学界泰斗级的人物，当时也都曾在西南联大工作或学习。

还有一个在近代教育史册上非常令人可歌可泣的就是"西迁精神"。1956年，为了支援祖国的边疆，许多城市的大学老师都主动地、自告奋勇地去了当时还比较艰苦的西部地区。比如上海，一个生活比较安逸、教育水平比较高的大城市，有很多人自愿一辈子献身于西北的教育和西北的发展，精神非常难能可贵。

之后从20世纪60年代到70年代，高等教育和科研遭受到了重大的挫折，大学停止招生10年，"文革"后，才开始恢复高考。那个时代，大家穿的衣服跟现在也不一样，坐的椅子也不像现在这样舒适，条件还比较艰苦。但是那个时候大家学习都非常认真，在课堂上拿一个本子认真记录，如饥似渴。1978年12月，国家派出了首批52名留学生出国留学。在中华人民共和国的教育史上，最早的博士生是在1983年毕业的，那年的18个博士毕业学生，是在人民大会堂授予博士学位的。现在的博士生走到街上没有人会觉得很了不起，因为比较常见，但那个时候是非常罕见的。

## 二、教育是硬道理

教育是硬道理，中国现代教育发展到今天，已经有一个多世纪的历史。毛主席曾说过落后就要挨打，实际上教育落后就要挨打。邓小平说发展是硬道理，我们现在的技术发展，一切的一切都要靠教育。落后就要挨打在近代史中可以看到，林则徐虎门销烟最后被清朝政府叫停，清政府求和……八国联军占领北京。1949年以后，新中国成立初期，一穷二白，生活条件还比较落后，真正完全改变靠的是国家的科技发展，过去的20年我国通信和交通事业有了飞速的发展。现在我们有2.2万公里高铁，高速公路有13.1万公里。我国现在的光缆通信，与百年前相比，发生了翻天覆地的变化，和50年前都完全不一样。1000年前的祖先对我们2000年的生活是有巨大的陌生感的，是不能想象的事情。

科技使人民彻底解决了温饱问题，袁隆平等重要科技领军人物把我们的水稻产量升上去了，国家不用再为百姓的温饱问题而发愁。而我国的国防事业，因为有钱学森等爱国科学家，他们放弃了在美国的优越生活，回到祖国，领导国家的科技发展。很多人有家国情怀，他们无私奉献，自力更生，艰苦奋斗，大力协作，勇攀高峰。这些人组合起来，才能做到让国家的实力空前提高。黄旭华是中国的核潜艇之父，也是广东人。有一次开会的时候他站在后面，习主席就把他从人群里面拉到前面。他回忆说最初核潜艇建好的时候要到水底下去，要做实验。很多人不敢下去，害怕，有人都哭了。他自己作为总工程师，就亲自带头到水底下去。当时非常危险，他说完全是靠忘我的牺牲精神。28年的时间全家人都不知道他在哪儿。也就是说，他隐姓埋名了。母亲跟兄弟姐妹都认为他到北京工作了，不顾家里，实际上他们不知道他为国家做出了巨大贡献，这位老先生非常了不起，是我们学习的楷模。再说数学，华罗庚没有回国的时候，我国的数学跟西方数学差得非常远。他一个人回国就带动提升了中国科学院数学研究所的水平，带动提升了中国研究的整体水平，将我们和西方的水平大大拉近。从某种意义上，也是一个人的奋斗·牺牲，带动了整个民族的科学发展。

科学的价值表现在很多方面，比如我们现在造了很多汽车，造了很多飞机。计算机也可以把很多事情在计算机上模拟做出来，中国有很多的科学计算，很多好的程序设计。科学发展是没有止境的，需要一代又一代的人去把很多困难的事情解决。

## 三、高等教育人才培养

如今，我们已拥有众多大学以及大量大学生。培养大学生就是要造就各方面的人才，有了人才国家才能更兴旺，我们的社会才能更加进步。当今社会高等教育已经非常普及，1985年的在校大学生数量比1976年的在校大学生数量翻了一番，1999年高校又进行了扩大招生。与20世纪80年代的在校大学生相比，在校生数量取得了惊人的进展。现在国内大学的硬件设施水平得到快速提升，许多大学校区已建立起现代化的校园配套设施，包括南方科技大学校园也展现出现代化校园风貌。如今拥有设施配备齐全实验室的校园与七八十年前由铁皮房、茅草屋建立起的校园相比，有了翻天覆地的变化。

1978年恢复高考以来，高等教育办学模式单一。南方科技大学作为高等教育创新试验田，这几年聚集了大量人才。除了陈校长以外，我校还有俞大鹏院士、刘科院士、王泉院士、徐政和院士、滕锦光院士、杨学明院士、陈晓非院士。南方科技大学拥有一批重要科学家且拥有一流的实验条件，这使得很多大学生都可以走入实验室去参与研究，聆听深刻且有趣的讲座。南方科技大学有优美的环境，有众多愿意把自己的知识传授给下一代的非常敬业的老师。我在南方科技大学这两年也收获不少，这两年当选了中国科学院院士，也得到了国家自然科学奖。应该说南方科技大学对我本身来说是一个福地，非常幸运的一个地方。所以我觉得这是一个非常值得我热爱的地方。

最近几年我们的教育出现了多元化趋势。南方科技大学实际上是我们教育多元化的一个最重要的象征。另外一个体现教育多元化的就是出现了研究型的私立大学，出现了中外合作办学。多元化的教育，对国家是非常重要的。

大学归根结底是要培养人才的。陈十一校长讲过我们需要一流的学术环境。我觉得我们还需要培养一流的大学生。在我的母校北京大学，有许多令我非常自豪的科学家，比如土生土长的科学家于敏，他是我们中国的"氢弹之父"，他北大毕业后把自己完全奉献给了国防事业。又如另外一位校友屠呦呦，严格意义上她是我们国产的科学家，也是中国科学界获得诺贝尔奖的第一人，这是非常了不起的。她的精神也非常了不起，她在艰苦的环境下，用自己的身体做试验，能够创制出新型抗疟药青蒿素和双氢青蒿素，挽救了很多生命。郭永怀院士毕业之后已经是康奈尔大学航空系的教授，是国际学术界非常有影响力的青年学者，他回国后，为我们的国防事业做出重要贡献，最后献出了生命。还有一位就是邓稼先，为国家做出了非常了不起的贡献。包括我们数学系的校友王选教授，汉字激光照排系统创始人。还有数学系张益唐教授，一辈子就写过两篇论文，第二篇一鸣惊人，做出了一个非常了不起的成果。

## 四、新世纪的人才挑战

我之前所讲的是人才对国家发展的重要性。大家所熟知的，像于敏、王选、黄大年，这些不同时期由国家培养的科学人才，对国家和民族的进步起到了重大作用。新世纪培养出了大量的大学生，大家的目标不再是造原子弹，也不是造氢弹或汉字排版等。当今时代，发展是第一要务，人才是第一资源，创新是第一动力。发展是硬道理，人才能把国家引到非常高的战略高度。有人才才有创新，创新是发展的重要推动力。

现在我们需要有各种创新，要把创新摆在国家发展全局的核心位置，把创新确立为引领发展的第一动力，将人才作为支撑发展的第一资源，强调实施创新驱动发展战略。有人才才有各种突破，人才可以使创新创业取得突破性发展。只有人才能够使这些发展成为现实。大家可以看到我国航天事业的发展状况，天文望远镜可以让我们在天文上突破更高的高度。而像潘建伟这样的重要科学家，可以使我们的量子计算达到更高的水平。现在与以前不同，以前很多情况下是我们把人送出去，现在国家需要把人才引回来，不光是我们自己要把人才引进到南方科技大学来，同时我们也要培养更多优秀的学生。大学还要做到把国际上的人才引进到我们国家的土地上，让他们跟我们合作，把我们很多技术推向更高的水平。大家看到改革开放 40 年，同时也是海归群体发展的 40 年。1978 年，国家送 52 个留学生出国，这些人中，大家能看到比较熟悉的面孔。现在参加同学聚会，也能看到很多人是留学回来的精英。回顾和总结改革开放 40 年，可以发现我国的人才有一个走出去再走回来的过程。这几年我们也从香港吸引了一批人才，我们很多人从国外回到香港工作，为香港做了很多贡献。现在各个地方招揽人才不拘一格，开始是香港吸引内地的人，现在内地开始吸引香港的人，国内校园现在也吸引很多海内外的人才加入科技发展和技术创新的队伍。

在座的同学要明确我们要培养的人才。就是要了解国情，具有全球视野，能够熟练掌握科学知识，熟练运用外语。我们要培养人才走出去，还要回来，这是国际视野。我们南科大采取全英文教学，我们有很多国外名师，我们鼓励大家走出去交流，有国际视野。你们不再需要担忧二十世纪五六十年代困扰前辈们的问题，比如温饱问题，这些东西已经都是过去式了。你们需要解决的是我们现在只是有概念的东西，比如计算机、人工智能、新材料、量子计算，需要你们把这些东西做得更有深度，然后带动新的发展。比如计算这一块真正做到把指数级的计算困难解决了，就可以带动非常多行业巨大的进步。

最近国家出台了《粤港澳大湾区发展规划纲要》，粤港澳大湾区这块土地在未来的几年十几年里将会发生重大的变化。我认为这些重大的变化里头最主要的是教育的变化，是技术发展的变化，需要做到把这一区域的人才、技术融合起来。我希望在座的每一位都要有投身于建设这块土地的情怀。

总之，国家的发展，教育是基石。如果没有优秀的教育，包括深圳这样的地方，城市的发展都一定会有停滞不前的时候。所以一个国家的教育是基石，科技是动力。我们的教育要前进，我们的科技要前进，需要大家的共同努力，共同把它推动到一个新的高度。谢谢大家！

# 提问与回应

**学生：** 汤校长，我想请问一位科学家和创业家对国家的贡献有可比性吗？

**汤涛：** 我觉得这两者都是非常重要的，一个民族不能说只要科学家，或者只要创业家。实际上回顾我们中华民族的发展，我们有很长的时间发展缓慢。那时候我们关心的东西过分单一，不够全面。中国传统社会重人文轻科技，那个时候谁读书厉害，会写诗、会写文章、会八股，就是最厉害的。而数学好是雕虫小技，你要是搞发明创造，最多是一个手艺人，不受人重视，这种观念限制了中国的科技创新发展。实际上，像于敏、邓稼先这些科学家，对国家的发展非常重要。像任正非这样的企业家，他的贡献也绝对不亚于任何一位伟大的科学家。因为他和他的公司把我们的技术大大提高了，技术提上去就可以带动国家的发展。所以我觉得这两者都非常重要。像我们这样大的国家，必须多元化。有人做很好的科学，有人做非常好的创业。总之我觉得都非常重要，缺一不可。

第七讲

陈跃红

南方科技大学人文科学中心讲席教授，人文社会科学学院院长，人文科学中心主任，树礼书院院长，北京大学人文特聘教授。

曾经担任北大中文系主任，北大校务委员，北大中国诗歌研究院副院长，中英双语杂志《比较文学与世界文学》双主编，国家社科重大项目"国民语文能力研究暨测试系统分类建设"首席专家。陈跃红教授先后担任澳门大学短期讲座教授、台湾实践大学客座教授、香港大学访问学人等，又担任过韩国国立忠南大学交换教授、荷兰莱顿大学访问学者等，现为中国比较文学学会副会长兼组织委员会主任等。

# 人工智能时代的技术与人文

今天讲课的内容将包含 4 个问题，但我不会刻板地按照顺序一一展开，而是不断融合混搭着讲，希望给同学们一种整体交互关联的感觉。

这 4 个问题分别是：

1. 新时代的高科技有何特征？

2. 人工智能与人文学科的内在关联是什么，这些关联如何构成新时代的文化表征之一？

3. 什么是机器写作，机器是怎么进行新闻写作和文学创作的？

4. 在这样一个人工智能与人文融合的新时代，我们该如何面对人工智能与新文科的交叉嵌入关系？

## 一、作为新时代文化特征之一的人工智能与人文学科新关系

关于新时代的科技特征，我们放到人工智能与人文学科新关

系的论述中一起讲，所以一开场我就从第二点开始，也就是为什么说人工智能与人文学科在今天存在一种新关系，而这个新关系竟然构成了一种时代特征。

大家先想想下列问题，我们社会的主要矛盾是什么？就是人民日益增长的美好生活需要和不平衡不充分的发展之间的矛盾。人类要追求美好生活，而且要求这个生活越来越丰富便捷，于是把希望寄托在科技身上，那么科技的发展目前又呈现出什么样的特征呢？这些特征，哪些需要我们认同追随？哪些需要我们保持警醒？直接地说就是，人类在对科学表示敬仰的同时，也应该对科学有一种警醒，因为有科学史常识的人都知道，科技始终是一把双刃剑。科技能给人类带来福祉，这个大家都确信不疑。可是如果说科技会给我们带来什么危险，人们就不太愿意去关心了，但科技确实又存在着危险。

我想大家都熟悉核武器，任何一个国家掌握了核武器，别国就不敢去碰这个国家。但另外一个方面，核武器所带来的"核冬天"，客观上具有毁灭性的危险，已经越来越令人担心了，切尔诺贝利核电站事故、福岛核泄漏就已经是富含威胁的例子。核武器带来的危险，想想都可怕，使用不当就会造成人类的毁灭，这就是高科技的危险。我们必须思考一下，这个时代创造了最先进的技术，却有可能被用来毁灭人类，这是为什么？

今天的奥斯威辛，曾经是德国纳粹的杀人集中营，可现在却是绿草如茵，山清水秀，但是围墙的标志和铁丝网、焚烧炉的样品，还始终在告诉我们，这里曾经是用武器和科技杀害数以百万计犹太人的地方，到了半个多世纪后的今天，表面上看却什么痕迹都没有留下，所以我们要保持警惕！

短短几十年，我们经历了工业革命时代，后又经历了信息时代，现在又一下走到了智能时代。关于这个智能时代，你能想象出什么场景呢？可以尽情展开想象。它可能带来什么危机呢？也请你尽情展开想象。

于是，让我们回到第一点来谈谈人工智能时代，谈谈高科技的特征。当然，主要还是要看看人文学科在当下是怎么跟人工智能相遇的。我们通常说的人文学，包括文学、历史、哲学、语言学等学科，这是一些历史悠久的传统学科。这些学科惯常被称为"无用之用"的学问，它关注和解决的是你的灵魂、道德、素养等精神文明层面的东西。可是到了人工智能时代，人文学正在变化，它碰到了一个重要的机遇，它不仅能提供精神素养和灵魂塑造，而且正在变成一种被称为文化创新要素和文化资本的东西，它正在变成重要的生产力之一。这些要素有时候甚至比真金白银还要厉害。

导致这种变迁的因素有很多，但是互联网和人工智能却是主要的推动力。就以你们手里的智能手机为例吧，里面无非就是一堆程序吧，还有就是芯片、电池、摄像头、屏幕，以及一个个的App。想一想，如果没有人文的这些内容融入当中去，那么，你打开手机看什么呢？不可能去看电池和芯片之类的吧，App里面当然有各种算法，有人工智能各种各样的东西，你要去订机票也好，你要去购买东西也好，等等。最后都是由App的内容来决定的，是里面的新闻、棋牌、图像、诗歌、小说、影视、短视频，等等。这些东西属于什么范围？难道是属于技术吗？属于理工科吗？你拿着手机究竟在看什么？人工智能也罢，IT技术也罢，万物互联也罢，最后你都要为各种精神文化的内容服务。没有内容也就没有一切，一个裸体的技术平台有意义吗？这是第一点。再说第二点，那就更具有挑战性了，你走进了人工智能时代，与它关联的是一系列最先进的高科技，包括5G、芯片、传感器，甚至量子科学、生物、基因等，而所有这些技术的进展都会遇到一个问题，那就是相关应用的伦理命题。现在所有人工智能的发展报告，无一例外的都要花很重要的篇章来讨论相关的法律、伦理、美学、意义等问题。这说明几乎所有与人工智能有关的应用，从一开始就面临人文伦理的困扰。

最后这第三点也很重要，就是人文学与人工智能的连接与嵌入，正在成为双方发展的重大机遇，带来许多重大创新，包括机器写作、科幻文学、VR应用等，下面我会进一步展开。

## 二、人工智能与人文学科的诸种内在关联

大家想一想，计算机和AI技术的图形图像识别、语音识别、自然语言处理等，识别处理的是些什么东西呢？不就是人类文明、文化各种东西的数字化、智能化符号的呈现吗？这些文明内容依托人工智能得以转化、创新、爆发。其实任何人工智能的技术创新，都不能不以这些文明、文化的内容为思考和处理的基

础，智能创新概念的发生，一开始也基本上就是文化和技术的混合思维产物。

人文之道如何作为 AI 伦理难题的思考和解决路径也很重要。毫无疑问，AI 注定会提高效率，智能应用使得操控机器变得越来越简单，现在你有一台智能手机几乎就可以在世界上生活，尤其在中国，可以生活得很惬意。可你想过没有，后面的技术在为你提供便捷服务的同时会不会控制你？假定数据为王、算法为王、应用为王，那么接下来呢？有一句话叫作"谁掌握了数据，谁就掌握了世界"。算法寡头，应用资本家？数据垄断的托拉斯会不会出现？我们会不会变成没有数据，不懂算法，在智能领域一无所有的人？

人类既要享受高科技，又要避免它的弊端，这是一个严肃的问题。所以我们说，希望 AI 与人文的交会融合成为时代创新的机遇，就必须重新认识人文的价值，它比你想象的重要得多。这是我们南科大的老师和学生都需要关注的。耶鲁大学校长苏必德有一句话，"我们已经到了最需要人文学科的时候了。"乔布斯也说："创新并不是我事业最主要的与众不同之处。苹果之所以能与人们产生共鸣，是因为在我们的创新中深藏着一种人文精神。我认为伟大的艺术家和伟大的工程师是相似的，他们都有自我表达的欲望。"我想，乔布斯一定明白，苹果赢了诺基亚，并不完全是技术的胜利，它也是人文的胜利、技术美学的胜利和人类游戏心理的胜利。我断定，乔布斯基本上就没有把手机当成电话来制造，而是当成一个美学产品，当成游戏产品，当成好玩的东西来制造的。他想让一个男孩给他的女朋友买苹果手机，不是为了让她给他打电话，而是让她觉得很有时尚感和身份感。华为手机配置彩色照相镜头也就罢了，干吗还要加一个黑白的呢？这就是美学、心理学和时尚品位的问题。就像收藏黑胶唱片一样，今天拍一张好的黑白照片比彩色的有品位多了。这是技术问题吗？显然不是，而是人文问题。手机的很多功能都是为人文、为人的心理和精神设想的。伟大的艺术家和伟大的工程师在这些层面确实是相通的，尤其是在人工智能时代。接下来我们进一步谈机器写作。

## 三、机器新闻与 AI 文学

人工智能正在介入各个行业，其中一个重要的方面就是机器写作，或者叫 AI 写作。最近 10 年，AI 写作在新闻领域越来越盛行，国外的许多家新闻媒体都有新闻写作的应用机器人，像美联社、华盛顿邮报、纽约时报等。再看中国，目前也不少，在座诸位拿着手机看的时政、体育、娱乐新闻，多数恐怕都不是人写的，这就是现实。机器新闻的一个观看特点是，错别字固定，结构表述固定，譬如讲了一则新闻以后，它一定会问："对此你有什么看法？"你就知道这文章基本上就是机器人写的。机器新闻典型的例子就是九寨沟地震后，国家地震局的机器新闻写作程序 25 秒钟就写出了一篇完美的新闻搞，瞬时播放，这个连专业记者临场也赶不出来。"今日头条"体育新闻网站的机器人小明，据说一年就写了5139篇报道，机器新闻的特点之一就是自动化、低成本、超时效、高效处理。就像新华社的"快笔小新"、第一财经的"DT稿王"、今日头条的"张小明"等，现在人家都成立机器写作联盟了。因此，现在不是要讨论他有没有、行不行，而是如何改进的问题，譬如机器写手会不会采访别人，能不能做深度调研等。

我们再来看机器文学创作。现在网络上已经出现一大批机器诗人，大家熟悉的微软"小冰"，IBM的"偶得"，清华的"九歌"，还有"薇薇"啥的。清华大学语言实验室甚至宣布"薇薇"已经通过了唐诗专家的评定和"图灵测试"。什么叫"图灵测试"呢？打个比方，就是两个人面对面聊天，突然挂下一个幕布隔开，二人继续聊天，最后拉开幕布，你发现对面坐的已经不是人，而是机器人了。让机器诗人扫描一幅画，它立刻就写出了一首诗，名字叫《早春》："早春江上雨初晴，杨柳丝丝夹岸莺。画舫烟波双桨急，小桥风浪一帆轻。"试问在场各位，机器几秒钟就写出来了，此刻给你，你写得出来吗？

以后随着算法的提升，数据库的扩大，优化能力的增强，机器人文艺事业会怎么发展，就让我们去想象吧。机器人写小说、写剧本、写评论，设计好了，也是分分钟的事。

当然，你一定会问，机器作家会杀死人的文学吗？我感觉这种思维缺乏历史感，缺乏对人类文明发展历史的整体观照。一个东西出来，从来都不意味着另外一个东西就该灭亡。出一个阿尔法狗，难道围棋就灭了吗？没有啊！在人类的历史上，这些问题都在不断谈论，又不断被证伪。诗歌、小说、散文，曾经在不同的时期出现，然后电影出现，电视出现，短视频出现。现在又流行什么"抖音"，谁彻底替代谁了？

从文学发展的历史看机器写作，至少在可以看到的时期内，它大体不会替代人类写作。人类的游戏心理、审美心理、博弈爱好，人玩耍的目的，输赢不是唯一，还有许多的满足，是多元爱好。所以我觉得机器写作将来八成也就是增加了一个新的文学类型而已，就像古诗词从《诗经》发展到骚体，发展到赋体，发展到唐诗，再发展到宋词、元曲、明清小说，然后发展到现代小说，发展到自由体诗歌一样。什么叫文学？我喜欢的一种解释是，文学就是人类在现实中未实现欲望的想象性满足和解决。骨子里的文学性哪管你什么分类啊，大家喜欢的就可以存在、添加、发展，但是它不会简单替代。所以我们未来会走向一个什么状况呢？我感觉，姑且可以叫作 AI 与人文融合的新时代。

## 四、走向 AI 与人文融合的新时代

文学是人类情感世界、精神世界、心灵世界最神奇的领域。虽然今天诸如脑机接口和情感算法都已经在尝试，机器小说、机器诗歌、机器戏剧、机器科幻，还有人工智能生产的电影都会陆续出现，但我对未来依旧持一个乐观的态度。我尤其希望那些拿着超高出场费又不好好演戏的演员立刻被淘汰，希望导演除了创意、构思和检查外基本无事可做，一部电影投资 2 个亿，演

员拿去1个亿，凭什么？资金使用在电影制作的创意和技术上不是更好嘛！你看人家李安拍一部《少年派的奇幻漂流》，就一个人，一条船，其他都是AI虚拟3D制作，不也挺好嘛！部分演艺人员的消失看来只是时间的问题，我估摸能够活下来的是有创意的编剧，还有懂艺术又懂得人工智能技术的导演。由此看，AI写作正在开辟一个文化消费新时代。智能与文学将合作共赢，它们不是一个非此即彼的关系。

最后，语言文化、文学艺术作为资本和生产力要素的功能一定会得到提升。这种提升将会通过人工智能等技术把文学那些隐藏的巨大潜力发掘出来，变成巨大的生产力能量，变成巨大的文化产业指标。我们必须重新定义技术与人文学科之间的关系，走向一种新文科。

当然，我必须说明，人工智能只是一种高科技的人类技术，我们今天还看不出机器能够从本体上超越人类的主体思维、内在欲望、交流意志、信仰执着。AI不是神，它是"智能"，可它首先是"人工"，是二者联手的结果，再智能的机器，拔掉插头就是一堆破铜烂铁，我们离那个叫作强人工智能的时代还很遥远！

但是人工智能与人文融合的时代确实正在到来。作为南方科技大学新一代的大学生，你们要敏感地捕捉到时代的变化和焦点，抓住机遇，迎头赶上。我们必须学会重新去看待人文和技术的关系，重新看待人工智能和人文社会科学的关系。你必须有所准备，有超前思维。如果我们每天只是安于在自己的专业和单一实验室里面，而不去想想专业与人类生活、人类文明有什么关系，又如何能够通过你的专业和技术为人类谋福祉？南方科技大学正在发展一流的新人文学科，为同学们提供一流的人文通识教育，同时发展人文与科学、人文与技术、人文与各个领域交叉融合的特色人文研究，希望你们也参与进来，把自己培养成一个有灵魂、有价值观、文理交叉的创新性人才。苹果公司的CEO库克就说过，"我并不担心人工智能赋予计算机像人类一样思考问题的能力"，"我更担心人类像计算机那样去思考问题——摒弃同情心和价值观，并且不计后果"。难道不是这样吗？如果你不希望把自己训练成程序和机器，而是期待借助技术使自己成为真正的人，那就必须记住人类文明演进的历史意义。无论技术怎么进步，到目前为止，能够把人类变成奴隶的不是机器，而是人，是人自身。

第八讲

# 刘青松

海洋科学与工程系教授，校、工学院党委委员，校教授会会长，系党支部书记。刘青松教授于1993年、1996年在中国地质大学（武汉）先后获学士、硕士学位；1999年在中科院地球物理所获博士学位；2004年在美国明尼苏达大学获博士学位。2004—2005年在美国加州大学Santa-Cruz分校做博士后。2005年获欧盟玛丽居里奖学金，在英国南安普顿大学国家海洋中心做研究，并于2007年获Lecturer（讲师）职位。同年入选中科院"百人计划"，任中科院地质与地球物理所研究员、博士生导师。2010年获国家杰出青年科学基金；2012年获中科院青年科学家奖；2014年入选中青年科技创新领军人才（"万人计划"）。2016年加入南科大，2018年入选教育部长江学者特聘教授。先后主持国家自然科学基金项目、中国大陆架钻探计划课题等10多项科研项目。发表SCI论文180余篇，SCI引用5300余次，H因子43次。

# 21 世纪，海洋时代

近代以来，人类大力发展科技与社会生产力，在改造自然方面取得很大成就。但是，人与自然之间的矛盾一直存在，生态环境有恶化的趋势，这对人类的生存提出挑战。21 世纪是海洋世纪，中国提出"一带一路"倡议，其中"一路"指的就是 21 世纪海上丝绸之路。如何认识海洋的环境、生态与经济价值，以及海洋对未来生活的影响，值得我们深思。

本报告分为三个部分，第一部分为自我介绍，分享我的人生 T 字形发展、科研螺旋式上升经历。第二部分以地球格局看天下，俯视海洋，心怀天下。第三部分介绍 21 世纪海洋科技发展，在这个幸运的灿烂时代，希望大家有志做海洋的弄潮儿。

## 一、人生 T 字形发展、科研螺旋式上升

无论是 T 字形发展，还是螺旋式上升，人生不能一蹴而就，需要一个长期且全面发展的过程。

1989 年，我本科就读于中国地质大学。入学时，学校发给

每位同学一套地质装备，做地质人的感觉随即涌现。做地质科学研究曾经很辛苦，以前有句调侃："远看像逃荒的，近看像要饭的，仔细一看是搞地质的。"随着时代发展，那个艰苦的时代已经成为过去式。回首我的大学时光，可用四个短语总结：青葱岁月，条件简单，革命浪漫，勇往直前。大学期间，我系统地学习了数学、物理、计算机与地质等学科，为后续科研发展打下了坚实基础。

什么是"T字形发展"呢？这一横是基石，支持纵向上的系统发展。我总结出四个实用理论，很适合我自己的人生规划。在此，分享给同学们。

第一个理论叫"冒泡理论"。在学计算机算法时，经常要为随机数排序，有一种方法叫作"冒泡算法"。具体过程如下，我们先把最大的那个数找出来，随后再把第二大的数找出来，依次类推，最后就把所有随机数的顺序排好了。

在一个新环境里，如何发展自己？每次只要提升一步，很快就可以在新环境中脱颖而出。我本科毕业时，"冒一下"成为班里唯一的推免研究生；在中科院时，"冒一下"到了欧美留学；留学时，"冒一下"在学习上比他们好一点！那时，有个美国同学问我："你什么时候回中国？"那是一种很强的刺激。于是，我几乎每天晚上十二点都返回实验室，装上新样品。第二天一早，再把样品取出。这样，在不影响他人实验的情况下，我每天可多测一条曲线，一年就可多测好几百条。有了大量数据作支撑，随后，我的科研就全面开花，在岩石磁学领域小有成就。

第二个理论叫"台阶理论"。很多同学常会迷茫，虽然想得很远，但不知道下一步该怎么做。"台阶理论"告诉我们不要好高骛远，只要下一步比现在高，就可取。比如，同学们从高中来到南科大，这是很好的一步台阶，非常可取。毕业时，是不是非要去美国、去哈佛才算成功？非也，只要找到比目前的平台再高一点的就可以了。人生一步一步来，稳住心态，不要激动，不要茫然，也不要毛躁。慢慢走出舒适圈，每隔一段时间迈上一个新台阶就好。

第三个理论叫"外延理论"。在科学研究时，一定要有学科交叉，围绕自己的研究中心，丰富相关知识储备。比如，我的研究生专业是应用地球物理学，用物理的方法研究地球。我感觉只用物理方法不够，于是主动去买各种地质书籍，拓宽知识面。

第四个理论叫"'坚持'理论"。在一个环境中，你可能不是最优秀的，但不要紧，通过坚持、不断努力就可以变得越来越好。通过坚持，我养成一种很自信的心态。2007年年底，我以"百人计划"身份回到中科院工作。2010年，获得基金委"杰青"资助。2016年，我到了南科大，这里精英聚集，身边高手云集，催人奋进。随后，我入选全国模范教师和教育部长江学者特聘教授。

回望人生与科研之路，越发感觉：要读万卷书，也要行万里路。

1996年到1999年，我从武汉到北京，完成了地理上的一竖；1999年到2007年，我游历欧美，最后回到了北京，完成了地理上的一横。2016年，我从北京到了深圳，拓展了一竖，阅历更加丰富。

行万里路，到不同的环境去闯一闯，可以获得观察世界的新视角，让我们从另外一个角度来观察这个世界，尤其是从不同文明、不同文化的视角感受这个丰富且奇妙的世界。相互借鉴不同的文化思维，会让自己的思维方式显著提升。

我的研究领域是海洋地质，所用方法以磁学研究为主。自然介质中含有各种各样的磁性矿物，在地磁场中，磁性矿物定向排列，从而记录了这些沉积物，或者岩石形成时的地球磁场信息。利用岩石记录的古地磁场方向信息，能构建全球板块运动的轨迹和方向等。利用地磁场强度信息，也可以追踪地球外壳流体运动。此外，这些磁性矿物还可以记录环境信息。自然界中连续的沉积物就像磁带一样，能够连续地把过去的地磁场信息记录下来。实验室的一些仪器就像是播放器，把沉积物记录的古地磁信息播放出来。古老的"磁带"会失真，如何利用各种方法还原失真信息，是科学研究的重点。

我把自己的科研体系设计成一个四维坐标系。X轴方向的研究聚焦在中纬度，从青藏高原到黄土高坡，再到北太平洋，三点一线。我和学生一起到青藏高原，到长江的源头，在5000多米的高原上采样，研究青藏高原隆生对中国地理环境产生的影响。在Y轴上，我研究全球的海洋洋流系统。海洋的水是连在一起的，因此，北半球和南半球的气候和环境信息相关。在Z轴上，地磁场从地核一直穿到地壳,并到达太空。通过研究地球上的岩石、月亮上的岩石以及各种陨石,我们可以探索地磁场和宇宙早期演化。零点就是综合物理、化学、生物、数学与计算机等学科,在岩石磁学基础理论方面创新。

在这个体系里,我们可以从不同的角度来研究地球,而且会有明确的研究方向与意图、目标与定位、树干与树根,不会在琐碎的小枝杈和树叶间迷失。

## 二、以地球格局看天下

### (一)人类从哪里来

人类已经演化了几百万年,直到现在,演化还远未停止。我们人类的祖先叫作智人,大约 10 万—7 万年前,从非洲东部地区出走。差不多 4 万年前来到亚洲,经过南亚,扩散到澳大利亚。1 万多年前,全球气候变冷,海平面下降了差不多 120 米,白令海峡的路桥露出,智人迁移到北美。随后,通过几千年的发展,扩散到全美。玛雅人跟黄种人非常像,也是黑头发和黄皮肤;跟蒙古人长得有些像,这不是巧合。

智人很厉害!3 万年前尼安德特人灭绝;1.2 万年前弗洛里斯人灭绝;在智人行进的路上,澳大利亚和美洲绝大多数的大型哺乳动物灭绝。人类手里只拿石头、木棒、简单弓箭,烧几把火,在短短几万年之内,就从食物链中下游快速跨越到食物链顶端。人类的问题也随之而来。比如同学们爱吃甜食,这是基因决定的。在远古年代,缺少甜食,遇到蜂蜜得多吃。现在,甜食随处可见,人吃多了会引起身体不适。在自然状态下,青年人要出去闯荡,扩大族群发展。可是现在的大学生要在学校里学习,自然基因和人类文明之间会产生某种冲突,这是很多社会问题发生的根源。

### (二)从地球上的地理、气候演化看人类生活、文明演化

中国的王朝更替大都发生在气候由暖变冷的转型期。中华民族是农耕民族,她的北方是游牧民族。气候一变冷,北方的游牧民族易遭饥荒,不得不向南迁移,入侵农耕区;南方地区粮食也会歉收,爆发农民起义,于是,王朝动荡。最近几十年,气候比较暖,国泰民安。可是,气候变暖一定是好事情吗?地球的环境非常敏感脆弱,宜居环境应如人体,温度高低要适宜。

在地球同一纬度上,气候相仿,所以文明在横向上易于发展。在中东地区培育的麦子能传到中国来,因为地处同一个纬度。美洲就不同了,在北美培育的植物,往南就可能种不了,因为气候变化太大。故早期的文明都发生在温带,纬度相似,且靠水而居。

人类最初能够产生文明的地方大都在高山和水流附近。比如,中亚造山带、喜马拉雅造山带、科迪勒拉-安第斯造山带、东非造山带/大裂谷等。造山带能量十足,是水的源头。印度河流域是产生文明的好地方;中国有青藏高原,有长江黄河,产

生了华夏文明；埃及有尼罗河，产生了古埃及文明；两河流域对于早期文明发展来说，也是一个好选择。

接下来，人类发展最重要的就是东西相争，人类文明的地理视野是东西向逐渐扩展。比如日本，对古代中国人来说是太阳出来的地方，是世界东方尽头。希腊人称土耳其为安娜托里亚高原，之后改称为小亚细亚，再往后，这个地方叫西亚。为什么？因为东面发现了印度和中国。从地理名称的改变上，我们得知人类对世界的认知在慢慢地拓展。

古罗马帝国的领土围着地中海。从生物学的角度看，地中海的形状像一个活细胞，有细胞壁（四周陆地），有细胞器（各种小岛），有细胞液（海水），而且细胞液是流动的。人们乘着船，顺着地中海内部的洋流自由贸易，这是一个活的体系，带来了发达的商业。

随后奥斯曼帝国崛起。1453年，他们攻陷伊斯坦布尔，截断了欧洲通向亚洲的道路，欧亚商业交流陷入困局。欧洲人很想重新打通这条路。1492年，意大利航海家哥伦布开始环球航行。

我们思考一个问题，当欧洲文明变成一个偏僻文明时，如何再次崛起？欧洲的思路是通过大航海把自己重新变成世界的中心。哥伦布通过大航海改变了世界历史发展方向。大西洋有一个巨大的顺时针洋流，哥伦布出发后，顺着这个洋流到达赤道，然后向左一转，到达巴哈马群岛，在那里与印第安人相遇。

大约1万年前，美洲居民的祖先到达美洲后，几乎把当地大型哺乳动物都给消灭了。没有牛，农业发展受阻；没有马，军事发展缓慢。美洲作为一块四面环海独立的大陆，很少有外来病毒入侵。欧洲人抵达美洲后大力发展了农业和畜牧业，他们经历了一系列的流行病毒侵袭，身体产生了很强的抗体。所以，当欧洲人和美洲土著相遇的时候，90%以上的美洲土著死于疾病。

我们中华民族非常幸运。自古以来，东边有太平洋保护，西部有青藏高原作为屏障，南边文明发展较慢。如果中国北边被封闭，成为一个闭塞的文明，那就很危险，好在中国北方和欧亚大陆连通。

欧洲开启海洋征途打开了一个新格局。他们一路向南推进，绕过非洲，占领了印度。通过海洋将世界连接起来，欧洲人与中国人的相遇就成了历史必然。到1840年大规模接触时，中国已经开始落伍。

奥斯曼土耳其帝国曾经也很辉煌，一战以后，只剩下现今的土耳其这一块。中亚地区被人为地分出很多新国家。海洋路线大开发之前，中东是欧亚必经之地，是一个文明交界的地方。当海洋开发之后，这个地方的地位必然会下降。但是这个地方发现了大量的石油，是全世界石油最多的地方，于是其地位又显得重要起来。

在地质学家看来，这里有石油，一点也不奇怪。产生石油有几个因素：（1）产生石油的地方靠近赤道，生物繁盛；（2）在浅海的地方，水中阳光充足，有利于生物发展；（3）在构造地层扭曲的地方，比如两个板块相撞的地方，石油才能够被藏起来。中东地区完全符合这些特点，因而盛产石油，从而改变了人类文明的发展轨迹。

追溯历史，我们现在生活在一个幸福指数很高的时代。大家可以身处南科大这么优美的环境里探讨学术，这很幸福。但是，世界上的民族斗争，尤其在中东地区，从来就没停止过。所以大家心里要明白，这个世界确实还存在着阴暗面。

人类远未进化到高度文明的程度，文明可不是大家握握手，你好我好大家好，不同文明之间要争夺利益、地盘。为什么美国要制裁中国？不是因为你不聪明，不是因为你不友好，而是因为你的思路跟他不一样。将来世界肯定美好，但是目前只实现短时间的和平共处。对此，我们要始终保持清醒的头脑。

## 三、21 世纪海洋科技发展

人类世界的发展历史，是不断拓宽地域和文明思路的历史，是逐渐从以陆地为主的文明过渡到以海洋为特色的文明的历史。19 世纪中期到 20 世纪初，我们的经济发展落后了，中华民族走到了低谷，体验到落后就要挨打，体验到丧权辱国的痛楚。

难道是我们中华文明发展方向错了吗？难道我们拥有的文明不够璀璨吗？中国的唐诗宋词是文化瑰宝，是人类艺术的巅峰之作。所以，不是我们不文明，而是海洋文明发展以后，欧洲人重新定义了文明规则。按照"科学"标准，西方人把全世界的文明分为三类。第一类以西方文明为代表，因为拥有完备的科学体系，属于最上等的"先进"文明。第二类以中华文明为代表，有文明体系，但是没有科学体系，文明等级次之。第三类则以印第安文明为代表，既没有科学体系，也没有文明体系，文明等级最末。因此，欧洲人对美洲土著毫无怜悯之心，印第安人的土地可以直接被抢走。对待中国，欧洲人不能明抢，于是用租界方式来殖民。通过这样的划分，欧洲人控制了近代以来世界文明的话语权。

要跟上世界的步伐，我们就不能只怀念自己文明的历史荣光，只坚守在自己的土地上。到了21世纪，我们必须跟上时代步伐，与整个世界文明接轨，拓展海洋的生存空间，重塑中华文明的辉煌。

2013年秋，习近平总书记提出共建丝绸之路经济带和21世纪海上丝绸之路的重大倡议。"一带一路"是全方位的。一方面，通过高铁和空运，强化我们陆地文明的根基；另一方面，通过大力发展海洋，努力形成全球整体的空间发展战略。

在新时代，海洋是我们中国文明发展的命门。面对海洋，作为海洋科学家，我们要有清晰的视野；作为海洋中心城市和中国特色社会主义先行示范区，深圳将大力发展海洋事业与海洋产业。乘此东风，南方科技大学建立海洋科学与工程系，虽然才两三年，但是已在学科和人才方面快速发展。作为海洋人，假以时日，南科大的海洋事业、深圳的海洋事业一定会发展得更好，中国的大海洋时代一定会指日可待、翘首可盼。

21世纪是年轻人的美好世纪,也是实现海洋事业的重要机遇期。20世纪做地质学像逃荒要饭的;21世纪做海洋学则是高科技装备下海洋。深圳市有高科技,南科大有高科技。南科大海洋系的教授们正创建高科技的海洋观测系统和平台,他们把无人机、水下机器人、海底地震仪以及海洋浮漂等最先进的设备引入海洋观测,他们正努力引领大海洋时代的科技创新。

这个世界总体很漂亮、很美好。我们要让生活充满激情,以饱满的精神去发展。要想成功,需要人生T字形发展,科研螺旋式上升。对于海洋科学,其知识体系非常庞大,其广阔的思维方式让人震撼。对很多年轻人来说,这是一个新世界,一种新的思维引领。要想成功,需要年轻人多努力,多拓宽,让脑海里的知识不停地发酵,不断创新,在海洋的领域里面有所作为。

我相信,未来的5—10年,海洋事业一定会欣欣向荣。面对这个思想碰撞、信息更加爆炸的时代,期待大家一起为中国海洋事业携手奋斗!

## 提问与回应

**学生 1**：刘老师您好，您觉得从几百年到一千年的时间尺度来看，全球变暖有媒体宣传的那么严重吗？

**刘青松**：100 年前，我们的气候还是属于正常的波动，很有规律。但是近几十年，全球温度像一根曲棍一样，加速上升。这件事情对我们全球化有多大影响？目前有两类科学家，一类支持全球变暖会造成很大的影响，而另一类则认为气候变暖暂时对我们人类还是有好处的。比如说北冰洋积雪融化了以后，下面的陆地就露出来了，可以被人类利用。我倾向前者，气候变暖太快会引起自然界系统的不稳定。自然界是协调的，突然增加太大的波动会引起气候失衡，产生更大的台风、更大的海啸，厄尔尼诺现象更加频繁，等等。我们还是需要对温度加以控制。

**学生 2**：刘老师您好，我刚才注意到您分享的四个理论中，最后一个理论"坚持"是打了引号的。我想请问这个引号有什么深意？

**刘青松**：我觉得这个同学观察得很仔细，具有做科研的潜力。这个刘老师没有明讲,"坚持"有两个含义:一是方向正确的,二是方向错误的。我们的坚持一定是经过思考的坚持,有点像长跑,方向要对,然后再坚持。科学家有两类:一类像爱因斯坦那样的天才型,真的是站在科研的顶端;另外一类比较聪明,通过坚持、努力才走得远。从这两点来看,我加的引号有一些深层的含义在里面。感谢你指出来,让我有机会跟大家再分享一下。谢谢!

第九讲

# 单肖文

现任南方科技大学力学与航空航天工程系讲席教授,系主任。

单肖文教授1985年和1988年分别获北京大学学士和硕士学位,1991年获美国达特茅斯学院博士学位,1991年至1998年在美国洛斯阿拉莫斯国家实验室先后任博士后和研究员,1998年至2005年任微软公司软件工程师,2005年至2012年任Exa公司高级主管,2012年加入中国商用飞机公司北京研究中心任气动与声学研究部负责人,2016年加入南方科技大学创建力学与航空航天工程系。单肖文教授最著名的工作是Shan-Chen非理想气格子玻尔兹曼(LB)模型,该工作2018年入选《物理评论E》创刊25周年的25个"里程碑",他关于LB方法和经典动力学理论之间联系的工作为LB方法的发展奠定了理论基础。在中国商用飞机公司工作期间,单教授的研究兴趣主要围绕飞机空气动力学设计与优化,领导了中国新一代宽体客机总体构型与气动布局的预先研究和初步设计。单教授迄今发表近60篇研究论文,据谷歌学术统计,累计被引用9500余次。

# 国产大飞机的当前发展与未来

同学们好！今天很高兴能在"现代科技与家国情怀"特色思政课上与大家一起交流国产大飞机的当前发展与未来展望。本报告分为两部分，第一部分从国家政要的专机说起，介绍中国国产大飞机的发展现状；第二部分从世界飞机发展趋势谈起，展望中国国产大飞机的未来发展。

## 一、中国国产大飞机的发展现状

### （一）从联合国"五常"国家元首专机说起

联合国安理会的5个常任理事国：美国、英国、法国、俄罗斯和中国是现代世界上政治地位最高的5个国家。前面4个国家按照我们历史课的说法都是老牌帝国主义国家，中国在近代历史上则一直被欺压。

什么能够让一个国家成为世界上最强大的国家？能够在安理会5个席位中占据一席？过去有人说是拥有核武器。但这个说法其实并不准确,因为现在世界上拥有核武器的国家远不止5个。印巴都越过了核门槛,还有一些国家也有这个能力,比如,日本现在虽然没有核武器,那是因为和平宪法不允许它这么做,但是大家都清楚,如果解除政治上的约束,日本搞出核武器是分分钟的事,它储存了很多核燃料,也有这方面的技术。所以核门槛应该不是进入世界强国的门槛。

那么,什么才是进入世界最强国家的门槛?可以说大飞机是重要门槛之一。什么叫大飞机?它至少有这样几项指标(这里主要分析民用客机):一是载客量,150人以上;二是稳定运行,它要在航线上天天飞,不能只飞一次;三是通过商业测试,要适应严格的商业运营环境。我们知道商业运营对飞机的要求很高,不能说今天有点小风小雨就临时决定不飞了。大家坐飞机,航班偶尔取消一次可以忍受,天天取消、延误谁也受不了。所以,大飞机是航空工业甚至整个国家工业体系发展水平的标志,是一个国家荣誉的象征。首先看一下"五常"国家政要的专机。

美国总统的专机:波音747-200。这是美国波音公司的产品。

英国王室的专机:BAE-146。虽然现在英国很多工业都没落了,但它的工业曾经很辉煌,比如二战中非常著名的喷火战斗机,就是它的产品。尽管现在英国没有自己独立的飞机公司(BAE公司的飞机部门已经被空客兼并了),但英国王室还是使用BAE-146飞机。

俄罗斯总统的专机:伊尔96-300。这款飞机除俄航自己部分运行外,西方主流航空公司均不用这款飞机。尽管已不用于商业运营，不在世界主流航线上飞，但它是国家的荣誉和骄傲，并且仍然是普京的专机。

法国总统的专机：空客330-200。这是一款主流的商务飞机，我们现在飞北京、飞上海的很多飞机就是它。现在深圳机场已经几乎是清一色的空客330或者波音777。

我们中国目前是联合国"五常"中唯一一个领导人没有国产专机的，这可以说是一个心病。

## （二）运-10：中国发展国产大飞机的最初尝试

中国很早就认识到这一点，也早就有愿望，或者有很强的动力发展国产大飞机，中国对大型客机的第一次尝试是运-10，1970年立项。当时处在"文化大革命"时期，毛主席还健在，"四人帮"也还在台上。1970年7月，毛主席在视察上海时指示："上海工业基础这么好，可以造飞机嘛！"同年8月21日，国家计委、中央军委国防工业领导小组原则上批准了航空工业领导小组提出的《关于上海试制生产运输机的报告》，这就是"708"工程，即大型客机的运-10。

这里讲一个故事，为什么代号叫"708"，以及为什么这个代号没起好。

当时想，怎么造大飞机呢？实际上是想模仿美国的波音707飞机。由于发动机和主要的航电设备当时国内不能生产（国产的航电设备比发达国家的设备差很远，发动机差得更远），因此，想用中国民航机队波音707的备件——发动机和航电设备，外加中国的机壳,来生产一款大型的四发首长专机,所以工程代号叫"708"。结果被人诟病是"山寨货",山寨美国707,取了代号708。

我们注意到国产大飞机1970年立项,仅7年多就完成了飞机设计,1980年9月26日正式首飞成功,后来进行了一系列的试飞,一共飞行了130多个起降,170多个飞行小时,并且7次飞抵拉萨。拉萨是高原机场,学过空气动力学的都知道,在高原空气稀薄的情况下起降是对飞机师和飞机的一大挑战。为什么?欢迎大家来航空航天系选修空气动力学。

虽然这个飞机最早定位的是首长专机,但生产出来之后却希望中国民航用这个飞机进行商业运营。但后来,运-10下马了,下马的原因有很多,主要有这几个:一是市场不足、运营成本极高。20世纪80年代很少人有机会、有经济能力去坐飞机,不像现在机场人流爆满,因而订单不足,单价飞机成本很高,运营成本也很高。二是技术落后、安全性差。大家知道,飞机制造要努力追求两条:第一条是飞机的阻力越小越好;第二条是满足强度要求的情况下重量越轻越好。当时最早是按照俄罗斯的适航标准来设计的,比如俄罗斯2毫米,我们也2毫米,结果严重超重。怎么办呢?按照美国的适航标准做成1.5毫米,结果抗疲劳强度不行,飞了100个起降发现出现裂纹,这是要命的事情,飞机安全性是头等大事,不能出现任何问题。因为技术原因,中国民航强烈反对运-10用于商业运行。

最早的运-10飞机现在停在上海飞机制造厂的大院内,飞机的前面有一个碑,上面用中英文写着"永不放弃"。中国第一次尝试大飞机虽然最终失败了,但实际上像这种高技术、高复杂度的产品失败是很正常的。要知道波音第一款飞机707,摔了100多架,整个707机队死亡3000多人,才终于成功,这是血的代价。

运-10下马之后,科研队伍并没有完全解散,最早的原生队伍还是在上海,当时与美国麦克唐纳-道格拉斯公司(简称"麦道")合作生产飞机,技术人员都在这个项目里。所以历史上曾经有一段时间,麦道飞机的一些部件是在中国生产的,包括西飞和上海飞机制造厂都曾经为它的飞机生产过部件。后来波音兼并了麦道,合作生产任务也就停止了。

由于没有放弃大飞机的梦想,所以2002年又立项了ARJ21项目。这个项目实际跟当时美国麦道公司的DC9飞机有很大的联系,很多部件用当时给麦道公司生产部件的模具生产,所以ARJ21飞机大小尺寸跟DC9都很接近。飞机机翼是飞机很重要的设计。飞机为什么能飞?全靠翅膀(机翼),翅膀的性能决定了飞机的性能。ARJ21由乌克兰的安东诺夫设计局协助设计。2008年,这款飞机在上海大场完成了首飞,经过8年的试飞取证,直到2015年中国民航才给ARJ21颁发了商业运营的许可证,目前ARJ21已经投入了商业运营。

### (三)C919:让全球大飞机进入ABC三国演义时代

C919是由中国商用飞机公司研制的中短程双发窄体民用客

机。窄体客机是什么意思？我们现在乘坐的飞机基本上是两种：一种是中间有一个走道，两边各三个座位，这就是窄体飞机。如果有两个通道，一排座位是333布局或者343布局，一排9到10个座位，这就是宽体客机。空客的320和近期出事的波音737都是窄体客机；像我们常坐的空客330和波音777、787都是宽体客机。

中国商用飞机公司（COMAC）寓意为将与空中客车（Airbus）及波音（Boeing）形成"ABC"（三家飞机的英文首字母）三足鼎立，"三国演义"这样一个瓜分世界客机市场的格局，野心和志气都不小。整个项目于2008年启动，中国商用飞机公司主要的设计和生产都在上海，上海市为此投了好几百亿元，主要资金来自上海市国资委。

2015年11月2日，首架C919总装下线，党中央国务院发贺电；2017年5月5日首飞成功。后来，习近平主席在春节致辞和元旦致辞等场合多次提到C919大飞机是中国航空工业史上的里程碑。

很多同学问这个飞机是不是国产的，是国产的。但有人说发动机是国外的，中间很多的航电设备也是国外的，为什么还说它是国产大飞机呢？这实际上是一个误解。因为即使是波音和空客的发动机和航电设备也一般都是全球采购的，波音的飞机也用欧洲的航电和发动机，空客的飞机也用美国公司提供的航电设备和发动机。

C919的常务副总设计师陈迎春总结提出，决定一个飞机是不是国产的主要看几个方面，我们之所以说C919是国产大飞机，就是因为它以下五个方面实现了自主创新：第一，飞机的总体方案是由中国自己定的；第二，气动外形由中国自主设计、自己试验完成，通过无数次的计算和风洞试验；第三，飞机的机体从设计、计算、试验、制造全是中国自己做的，除了发动机之外都是中国自己造的；第四，系统集成由中国自己完成，用什么样的发动机、用什么样的航电由中国自己来决定；第五，中国自己的特色管理，中国商用飞机的整个管理层和工程全部都是中国自己的。

波音和空客为了应对C919对它们造成的挑战，分别把737和320做了更新，升级为737max和320neo，主要设计不变，换装了最新的发动机，他们换装的发动机也是CFM国际公司提供的。这样，CFM公司专门为空客、波音和商飞三家公司提供发动机，分别取名叫LEAP-1A、LEAP-1B和LEAP-1C，正好对应ABC三家，所以从发动机的角度看，这三种是一样的，同场竞技。

我们说竞争很激烈，是因为竞争对手在包括民用客机在内的整个飞机生产制造方面都有长期的经验积累。2018年5月，波音737第一万架飞机举行下线仪式。也就是说，在C919首飞之后一年，波音737下线了第一万架飞机，这是目前民用客机唯一一款生产量超过一万架的。当然还有很多的战斗机超过一万架，例如，著名的轰炸机B29、B17，实际上也是波音公司的产品。1916年成立的波音公司在飞机制造方面已经有100多年的历史，它生产了无数的飞机，同时还是卫星、火箭的制造商。我们的压力不小。

## 二、中国国产大飞机的未来发展

### （一）未来民用飞机发展的驱动力

#### 1. 速度：还能不能更快？

很多同学问未来的飞机会不会飞得更快，现在从北京到深圳飞3个小时左右，能不能1个小时就到？现在去美国10多个小时，为什么不能2个小时到？这里涉及物理定律。我们知道飞机飞行的时候要克服阻力，阻力有一个衡量标准叫作阻力系数，系数越大飞机受到的阻力就越大，这个系数要乘上速度的平方。空气的动力学里有一个基本的原理，在达到声速的时候阻力系数急剧地升高，这个时候受到的阻力极大；超过这个速度，阻力系数反而降了（阻力一直上升并没降下来，但阻力系数是急剧降低的）。如果你想飞得更快，你就要付出更大的代价，这个代价跟速度的平方成正比。

所以目前和今后相当长一段时间里，为了经济性，飞机基本上不会飞得更快。只能限制在目前的速度范围，就是马赫数0.8到0.85之间。那么有没有飞得更快的飞机？有。历史上英法联合制造的"协和号"飞机，它在20世纪60年代完成首飞，这是第一款投入运营的超声速客机，堪称航空工业历史上重要的里程碑。20世纪60年代正好是冷战的高潮期，苏美两大阵营、西方和苏联都在互相比，包括人造卫星、登月都是在那一时期，当时苏联为了不让西方超越，抢在"协和号"之前首飞了自己的超声速客机，它长得跟"协和号"差不多，名字叫图-144，但这个飞机从来没有在航线上运营过。如果说第一款超声速客机是图-144，那第一款正常运营的是"协和号"。"协和号"在纽约到伦敦、纽约到巴黎航线上从20世纪60年代一直飞到2003年。"9·11"事件后，"协和号"在法国机场起飞的时候出了事故，导致机毁人亡，当时整个航空业不景气，"9·11"事件之后没人敢坐飞机了，所以就飞不下去了，2003年"协和号"飞机就退役了。目前市场上没有一款超声速的飞机。

### 2. 能耗：节能减排降噪要实现什么样的愿景？

关于节能减排，国际航空组织预测，未来汽车的交通运输量会逐步下降，航空运输量会大幅上升。由于现今交通方式仍然主要依靠石油提供动力，航空运输所带来的石油资源的消耗非常巨大，而且与日俱增。所以降低油耗是未来飞机发展的一个主要方向。

关于降噪，按照飞机的重量来算，小飞机要求的噪声更低，大飞机可以允许高一点，从1971年到1977年、2006年、2017年，噪声的标准要求越来越严格。美国NASA（美国国家航空航天局）提出，未来的噪声标准要进一步大幅降低。

总之，未来民用飞机会呈现出如下趋势和特点：一是民众乘坐飞机出行将更加频繁；二是高端商务人群扩大，时间成本催生快捷跨洋飞行；三是民用飞机产品节能、减排、降噪要求日益严苛；四是常规布局飞机改善空间有限，非常规布局飞机日益受到各国的关注。这就使我们面临这样的境地：石油资源紧张、全球变暖、气候变化影响人类活动、客流持续增长、机场运输能力饱和、机场周边噪声影响，等等。因而发展环境友好、节能减排、降低噪声的绿色航空成为人们的共同心愿，这驱动着未来民机要完善或革新技术，实现升级；推出全新产品，实现换代，推出更高的燃油效率，能够减少温室气体排放、降低飞机客舱内外的噪声、减小所需要的跑道长度，以不断满足人们更快捷、更舒适、更经济、更环保、更安全的出行需求。

### （二）未来民用飞机发展的设想

未来飞机长什么样？人们有很多设想，大致说来主要有以下几种：

#### 1. 翼身融合飞机

翼身融合，或者说飞翼跟常规飞机的一种混合。它的特点就是飞机翅膀和飞机机身呈现一种融合的趋势，机身很宽可以坐很多人。但这种飞机的潜在弊端是：结构设计上可能会有很多问题，再就是舒适度可能不佳，例如，座舱太宽，飞机一摇摆，坐在边上的人就会很晕。

目前人们提出了很多翼身融合方案。其主要特征是翅膀和翼身融为一体，采用先进的发动机、先进的边界层控制的技术，还有内埋式的发动机，它把发动机装在背上，这样地面上看不见也听不见，可以达到降噪的标准。如 NASA 的 N3-X 翼身融合方案，其主要特点是发动机是分布式的，不是装两个大发动机，而是在背后装很多小发动机，即分布式推进。试验数据表明，该方案可以降低燃油消耗 72%。波音的 X48 翼身融合方案，波音和英国的一所大学曾联合做出 1.6 米的验证机，目前我们也在做类似的工作。这款飞机已经试飞了，而且已经有了 3 个型号，分别是 X48A、X48B、X48C，目的是研究这种翼身融合飞机在大型商务飞机方面的应用前景。

### 2. 桁架支撑翼混合动力飞机

桁架支撑翼混合动力飞机，一是加长飞机的翅膀。这种飞机的机翼细长且轻薄。细长和轻薄有什么问题？容易断，强度不够。细长可以增大升力，减小阻力，但是对结构设计产生了很大的挑战，所以要加两根撑杆。二是多采用电推进，混合动力也是目前我们正在研究的课题之一，最多可以降低 88% 的油耗，这是相当绿色、环保的。这也是未来的一种构想。

目前各国加大了对桁架支撑翼混合动力飞机的研究。例如，美国波音的 SUGAR（亚音速超绿飞机研究），俄罗斯也提出了很多他们未来的发展设想。

### 3. 超声速客机

自从"协和号"超声速客机于 2003 年退役后，目前已无超声速客机从事商业运营。但"更快"是我们永恒的追求。近些年，超声速客机研究热潮再起。美国 N+i 计划期间，波音、湾流、洛马等公司开展了多种设计方案研究。欧洲 EADS 设计了一款载客100人以下、使用氢燃料（二氧化碳排放接近零）、马赫4（速度提高了4到5倍，两三个小时就可以从中国飞到美国西海岸）的高超声速远洋客机。俄罗斯和日本也有各自的静音超声速运输机研制计划。

超声速飞机为什么当时没有发展起来？很大的一个原因就是声音特别响——扰民。当然还有另一种说法，当年美国在超声速客机竞争方面落后于欧洲，"协和号"1969年首飞，波音搞超声速客机差点搞破产了，所以政府出面设置了一个障碍，说"协和号"太吵了，把我们的鸟都吓跑了，因此禁止超声速飞机在大陆上空飞行。这就造成"协和号"飞机不能在北美上空运营，只能在海上飞，所以订单有限，导致"协和号"一直发展不起来，造了30多架就结束。现在发展超声速客机有什么难点？声爆的预测和抑制、激波阻力的预测与减阻、跨声速飞行控制、结构热防护，等等。

超声速客机动力装置也是目前研究的前沿，国之重器。我们国家的发动机一直是一个短板。目前，国外的科研人员已经从集成火箭发动机和常规的喷气发动机到探索超燃冲压发动机，现在我们国家的航天一院（中国运载火箭技术研究院）也在进行这方面的研究。北研中心也做了很多前沿研究，以后还会继续这方面的工作。

我的报告到此结束，谢谢大家。

# 提问与回应

**学生1：** 国产大飞机方面有运–20、C919、AJ600，您刚才从飞机的结构方面做了设想，我想问一下从功能方面会不会有发展，我们以后的飞机是不是可以既在水上飞，又在路上飞，还能在航母上飞？

**单肖文：** 运–20不是客机，是军用运输机，它设计的需求和考量跟民航客机是不太一样的，运–20有一个特点是起落架非常短，基本上机肚子是贴着地面的，因为坦克要开上去；民航客机不考虑这点，民航客机不会要求坦克直接开到飞机上。军用飞机要求能在很差的地面情况下起降，并且能短距离起降，因为打仗的时候不可能找到设施非常完善的机场；民用客机都是在机场飞，机场都有非常完善的设施，跑道也很长。像运–20这样的大型运输机飞行表演的一个重要方面就是它能够飞得多慢，飞得越慢落地跑道长度越短。在水面、公路、航母等各种地方起降在技术上不是问题，是否会大规模应用主要取决于需求和成本。

**学生2：您在选择航线的时候会不会选择特定型号的飞机？**

**单肖文：** 这是很现实的考量，飞机的可靠性是所有人都关心的，大家都不想出事。曾有个段子说，某人买了飞机票，发现执飞的是俄罗斯生产的飞机，于是立马退票。现在，即使俄航飞国际航线也都是用波音、空客的飞机，不用俄罗斯自己生产的飞机。事实上，已经很少有机会乘坐空客和波音之外的飞机了。现实不是经常需要做抉择的。当然，有一个建议：如果可以选择的话，尽可能选择乘坐大飞机。因为一方面，大飞机的机身比较稳；另一方面，大飞机的机长经验比较丰富，一旦出事，大飞机的机长使飞机安全降落的可能性更大一些，因而更安全。

第十讲

于洪宇

现任南方科技大学深港微电子学院院长，电子与电气工程系教授。广东省科技创新领军人才、深圳市高层次专业人才——地方级领军人才、国家特聘专家、英国工程技术学会会士（Fellow of IET，2012）、鹏城学者，入选深圳市海外高层次"孔雀计划"，享受政府特殊津贴。

于洪宇教授在集成电路工艺与器件方面，包括 CMOS、新型超高密度存储器、GaN 器件与系统集成（GaN HEMT），取得了一系列创新性工作成果。发表学术论文近 400 篇，其中近 180 篇被 SCI 收录，总他引次数近 5000 次，H 影响因子为 39。受邀撰写了 4 本专业图书的章节，并编 2 本图书，*Hafnium: Chemical Characteristics, Production and Application*（《铪的化学特性及生产应用》）和 *Gallium Nitride Power Devices*（《氮化镓功率设备》）。获得近 20 项美国、欧洲专利以及近 50 项国内专利。

# 中国芯　世界梦

2018年,"中兴事件"引起了大家对中国芯片制造的极大兴趣。最近这几年我国芯片产业发展得很快,华为推出的芯片震惊了世界,使得我国自主设计研发的芯片与芯片技术强国的差距迅速拉近。当然,芯片对我国来说还是一个"卡脖子"工程,那么芯片究竟是怎么一回事?离世界先进水平还有多大的差距?我相信大家一定很感兴趣,下面就请听我的讲解。

习总书记在党的十九大报告中提出,加快建设制造强国,加快发展先进制造业,促进我国产业迈向全球价值链中高端,培育若干世界级的先进制造业集群。这就是我国科技产业未来若干年的一个行动纲领。集成电路产业是支撑经济社会发展和制造强国建设的战略性、基础性和先导性的产业。特别是近几年,2017年是集成电路发明60周年,2018年是我国改革开放40周年。此时,全球的半导体产业格局也在发生比较深刻的变化,这对于我国是一个难得的机遇。

## 一、芯开创，新纪元

首先给大家讲一下什么叫集成电路，在座的很多同学都是大一新生，刚刚从高中过来，可能还不太清楚。集成电路就是通过一系列的特定微纳加工工艺，将晶体管、二极管等有源器件（需要一颗电源驱动工作的电子器件）和电阻、电容、电感等无源元件（不需要添加电源的电子器件），按照一定的电路互连并集成在半导体晶片上，能够执行特定功能的电路或系统，英文叫Integrated Circuit，即 IC。

半导体和集成电路是不是一码事呢？它俩有相关性，但却是不同的概念。什么叫半导体？半导体特指一类材料，它的电阻率介于导体与绝缘体之间。什么叫导体？导电性很好的材料。绝缘体导电性非常差，半导体导电性在两者之间。典型半导体是硅、锗、砷化镓（GaAs）、氮化镓（GaN），后面我再跟大家讲。半导体是制造集成电路芯片所必需的材料。

芯片和集成电路是不是一码事呢？有关联，但严格意义上来讲，它们又不是一码事。芯片可以作为集成电路的载体，是集成电路经过设计、制造、封装、测试后的结果。广义上，只要是使用微细加工手段制造出来的半导体片子，都可以叫作芯片，但却不一定叫集成电路。举一个简单的例子，很多电源芯片里面就只有一个器件，并不是非常多的器件连接在一起，可以叫作芯片。但要很多不同器件通过互连工具连到一起，那才叫 IC。

1947年，美国贝尔实验室成功研发出世界上首款晶体管。

晶体管的发明开了微电子学科的先河。非常著名的仙童公司的意大利人巴丁、肖克莱、布拉顿发明了晶体管。在晶体管之前，其他人搭建电子系统，一般要用到电子管或者真空管，它们也是开关的器件，相对来说非常容易损坏。晶体管寿命长，耗电少，体积小，所以迅速占领了市场，也为集成电路的诞生吹响了号角。

集成电路第一发明人，在我的认知里是在1968年，由德州仪器（TI）的Jack S.Kilby（杰克·基尔比）博士发明的。他把两个器件形成一个反向器，最简单的集成电路就形成了。由于这个电路的发明，他得到了2000年的诺贝尔物理学奖。

而仙童公司的Robert N.Noyce（罗伯特·诺伊斯）也声称他是第一个发明集成电路的人。IC是一个伟大的发明，谁是第一发明人引起人们极大的关注。实际上Robert N.Noyce这个人，主要是硅平面工艺的集成电路专利，该发明更加适合集成电路的大规模量产，和Kilby两个人是平分秋色的。但是从第一个人的角度来说，确实是Kilby把两个单独的器件集成在一块，变成一个电路，所以Kilby拿到了诺贝尔奖。

这是集成电路和产业发展的一些里程碑。可以看到，最早是十个以内器件在一个电路上。到今天，台积电、三星、英特尔都已经进入新纳米的时代，集成电路的晶体管数目达到100亿级，所以现在才有各种手机、机器人所需的各种芯片。这是全人类投入大量的资源、大量的资金、大量的优秀人才所取得的成果。到现在技术已经达到14nm，甚至10nm以下，10nm什么概念？

10nm其实是几十个原子层的厚度,惊叹吧?

从投入半导体的材料来讲,可以分为第一代、第二代、第三代。第一代半导体材料以半导体的硅和锗为主,第二代半导体材料以GaAs和InP为主,第三代半导体是以GaN、SiC为主,也叫宽禁带半导体。这三种材料,它不是第二代代替第一代,而是按照时间出现的顺序分为三代。它投向市场应用的时间成为一个个里程碑,但并不意味着第三代半导体出现后,第一代、第二代材料就消失了,其实目前还是以第一代半导体硅材料为主来支撑IC发展。

在信息化时代,信息产业将成为关键资源,尤其是进入21世纪后,信息成为第一生产要素,同时也构成了信息化社会的重要技术物质基础。按照一些专家的说法,当前全球正处于信息化初期。信息化时代的特点包括智能化、电子化、全球化、非群体化。非群体化就是会作为个体接收到各类信息,现在处于初期的信息设备,随着科技发展会进一步进入信息社会。随着5G、AI、大数据、AR、VR的实现,会逐渐迈入更完全的信息社会。

## 二、芯特点,新规律

在第一部分给大家讲述了集成电路发展的历史,第二部分给大家介绍集成电路发展的特点和规律。集成电路是信息社会发展的基石,它的技术水平和发展规模成为衡量一个国家产业竞争力和综合国力的重要标志。集成电路是信息产业的基础，没有集成电路就没有信息产业，也就没有现代化社会，集成电路是最能体现知识经济特征的产品。集成电路是国民经济和社会发展的基础性和先导型产业，是培育战略性新兴产业、发展信息经济的重要支撑。集成电路兼具战略性和市场性的双重特点。集成电路在信息社会中维护国家安全，武器装备、航天、卫星离不开芯片，它是绿色经济的技术支撑，是互联网、物联网的核心。

当前，集成电路产业的发展特点是产业规模迅速扩大，技术日新月异。现在一个芯片有多种功能，像打电话、照相、录音、各种通话都可以通过一个芯片去实现。当然集成电路的产业发展确实也呈周期性的波动，即硅周期。它主要是供求关系所导致的。这个符合人类社会的经济规律，供过于求，产品就便宜一点，供不应求产品就贵一些。最后一个特点，它是各国政府高度重视的产业，产业有市场性的特点，但绝对不是纯自由的市场规律决定的。美国白宫2017年发布了半导体战略委员会的声明，第一句话就说明半导体产业从来不是一个自由市场。美国、日本、韩国等国家和我国台湾地区的集成电路产业都是靠政府大力扶持才发展起来的。集成电路产业的发展是四轮驱动，技术、市场、资本、人才。人才是技术创新的核心要素，没有大量的资源投入是培育不了高端的集成电路所需要的人才的。

摩尔定律大家都耳熟能详，摩尔定律是戈登·摩尔提出的。仙童公司裂变出来一个公司叫英特尔。英特尔公司大家也很熟悉，戈登·摩尔是英特尔创始人之一。他曾经提出，"最低元件成本下的复杂度大约是每年增加一倍"。这是最初的摩尔定律。1965 年修订为："复杂度每 2 年增加一倍"。现在经常有人说，"集成电路集成度每 18 个月翻一番"是摩尔定律的描述，其实摩尔本人也特别发出声明，他从来没说过 18 个月翻一番。现在基本上是每 2 年翻一番。

刚才讲到集成电路有一个周期性变化，称为"硅周期"。它大概每 10 年呈现一次 M 形的变化。它目前几个比较大的周期，包括日本经济衰退、亚洲金融危机，世界经济衰退、全球金融危机都是相关联的。大家可以看到集成电路从某一方面也决定了全世界的经济发展。

基本上半导体产品的制造技术也是约每 10 年进入一代，这一代被称为光刻，同学们在后期如果学习微电子专业，就会知道什么叫光刻。光刻的光源可以看到每一代是不一样的，从汞灯开始，它的 g 线光源的波长大概 436nm，i 线 365nm，而其他光源，例如，KrF 248nm，ArF 193nm，不同的曝光光源它的波长可以决定的印刷，就是光刻的最小间距，到现在 EUV 它的波长大概是 13.5nm。随着这些技术代的进步，可以把芯片做得越来越精细。每个典型的微电子产品从研发到量产也需要耗费大量的心血，大概需要 10 年的时间。

驱动集成电路市场的引擎，同样大概是每 10 年产生一次新的变化。大概是大宗性计算机驱动集成电路的发展，或者集成电路来使这个市场经济繁荣，PC 时代它的市场规模呈 10 倍的增长，PC 时代大于 1000 亿美金，到移动通信时期大于 2000

亿美金，再到现在 3000 亿美金泛网时代。

集成电路尺寸越来越小，达到 7nm、5nm，但器件缩微化肯定会停滞，这是毋庸置疑的，不过不代表集成电路和芯片没有发展。现在提出来"超越摩尔定律"，就是在小型化的基础上，集成不同功能在同一个芯片上，比如说射频、通信、无源元件、高压高功率、传感器、生物芯片。这是驱动集成电路芯片继续发展的另外一个维度。

下面介绍一下集成电路产业链的构成。先来看几个概念，一个叫 Fabless，统称为无生产线的纯设计企业。而 IDM 是集成器件制造商，它既设计又制造。Fabless 一个典型的企业就是苹果，它自己没有晶圆生产厂，主要靠外面代工，如靠台积电、三星、英特尔等企业。而 IDM 典型商家代表是英特尔，它自己又做设计又做生产。IP 是知识产权。Foundry 就是纯粹的晶圆代工厂，它们自己不设计芯片，没有自己的芯片，没有自己的商标。世界上最大的晶圆代工厂是台积电。我国最大的晶圆代工厂是位于上海的中兴国际，在深圳坪山也有生产 8 寸片和 12 寸片的分厂。

刚才给大家讲了摩尔定律和超越摩尔定律，特别是一个叫国际半导体技术路线图的发布，发布一些文件来阐明下一步集成电路朝哪个方向发展。2015 年发布了 ITRS2.0 版本。2.0 版本主要包括 7 个部分，超越摩尔是其中最重要的一部分。ITRS1.0 主要着重于摩尔定律本身的器件缩微化，2.0 以功耗限制为核心，去除了器件缩微化的关注点，主要在很小的功耗情况下实现多功能，是以低功耗为特征的新型计算。

据 2017 年全球半导体企业的排名，包括刚才讲的 Fabless 和 Foundry，就是设计企业和制造企业排在一起，可以看到没有一个中国大陆的企业进入前 10 的名次。而在 IC 设计行业华为的海斯半导体占据了第 7 名，Unigroup（紫光集团）第 10 名。第 1 名是 Qualcomm（高通），MediaTek（台湾联发科技股份有限公司）是第 4 名。

目前也在一些发展方面面临挑战，例如在 14nm 节点研发一个芯片的全部成本将达到 1.5 亿—2.0 亿美元，要收回研发成本大约需要销售 3000 万颗芯片。所以基本上很多人在预测，28nm 是最经济的节点，对于很多 IC 设计企业它的性价比最优。但是随着人们对更高性能和功能的需求不断提高，技术还是要接着往前走。另外，随着技术代的前进，先进的代工资源不断减少。全世界目前有能力提供 28nm 产能的企业有多家，到了 22nm 就缩减了很多，到 14nm 和 16nm 很多企业就不在榜单上了。

## 三、新核心，中国芯

新中国成立伊始，中央政府就对集成电路的发展非常重视。1956 年，周恩来总理就发起了向科学进军的口号，1959 年，林兰英等老一辈科学家做出了半导体材料。中科院半导体所是 1960 年成立的，随后，江阴晶体管厂、中兴半导体、台积电、上海华虹 NEC 和中芯国际等公司陆续成立。中芯国际现在是我国最大的晶圆代工厂。国务院 2014 年发布了《国家集成电路产业发展推进纲要》，国家集成电路产业投资基金成立并有了数千亿元人民币的规模。

中央政府不断发布各类推进规划促进集成电路行业的发展，从 863、983，六五科技攻关、七五科技攻关、八五科技攻关，到 908、909。相关部门也出台了很多产业政策，包括 2014 年的《国家集成电路产业发展推进纲要》《集成电路发展企业所得税优惠办法》。特别是 2014 年集成电路产业基金的成立，第一期 1000 多亿元已经投入完毕，现在已经在执行第二期规划。各地方政府包括陕西、北京、河北、江苏也都推出自己配套的基金来支持集成电路的发展。之前深圳主要是依靠纯市场推动，政府的作用并不是非常大，但是最近深圳政府也出台了政策，集成电路规模在大幅度增加。2017 年，中国集成电路产业销售额达到 5411.3 亿元。我国第一大进口额不是石油，而是集成电路。2018 年超过 3000 亿人民币的进口量，这个量占用了我国大量的外汇。我国集成电路产业效益达 5400 亿元左右。

我国集成电路发展的特点是产业规模持续增长和产业结构趋于合理，发展环境不断完善，核心地位日益突出。中兴事件客观上对全民做了一次集成电路科普，所以现在从政府到老百姓，对集成电路都是有所认识的。产业发展的积极性高涨，技术也在稳步提升。

虽然总体上看，我国集成电路有了一些进步，但是要清醒地认识到中国制造业整体上是大而不强。集成电路每年进口 3000 亿元，我国自产的才能满足需要量的 1/10。在此背景下，我国出台了《中国制造 2025》，特别提出来将推动集成电路及装备发展作为突破口。集成电路助推中国智造的核心地位日益凸显。集成电路包括新能源、互联网，各个方面都是核心，都是引擎，没有集成电路就没有新信息，没有新信息就没有机器人，也不会有互联网这个产业，集成电路差不多是所有新兴产业最核心的一个基础。

国产的集成电路，实际上非常难以满足实际需求，大家可以看到从信息 MPU、可编程逻辑设备，到通信设备，通信设备因为海思存在稍微好一点，这是唯一一枝独秀的细分领域。从闪存到动态输出，绝大多数的核心集成电路都是需要进口、受制于人的，我国完全没有任何能力去生产。

习总书记多次强调，创新驱动实际上是人才驱动，发展集成电路产业，人才是核心要素。谁掌握人才，谁就能站到集成电路产业金字塔的顶端。到 2020 年前后，我国集成电路行业人才需求预计规模约为 72 万人，而在 2017 年年底，人才存量仅 40 万，缺口达到 32 万人。从城市分布来讲，一线城市集聚较多，深圳是全国电子产业的龙头城市。

有关集成电路产业人才政策我国也在不断修改和发布。2015 年，六部委联合发布《关于支持有关高校建设示范性微电子学院的通知》，我校作为非常年轻的高校，现在的微电子学院已经入选了国家示范性微电子学院，这体现了学校的发展速度。

2018年政府工作报告再次把推动集成电路产业发展列在实体经济发展的首位来强调。

集成电路学科是多学科交叉、高技术密集的学科，相关专业包括微电子，集成电路设计、集成、制造，紧密相关专业包括电子、电器、光电、计算机、通信、化学、材料、机械等。目前我国开设微电子相关专业大概情况如下：只有100多所高校开设，有28所高校拿到了国家示范微电子学校的排名，毕业生人数每年4000到5000人。研究生和本科生几乎是1:1的比例，多数本科生都会选择继续读研究生。总体就业率从国家示范性微电子学院情况来看，接近100%，只要你想就业，总是会有理想的工作等着你。

南科大深港微电子学院已经被正式列入国家示范性微电子学院，学院目标是汇聚粤港澳大湾区优势技术资源，解决集成电路产业发展的"卡脖子"问题。现在与我校建立合作关系的高校有港科大、港大、澳门大学。全国只有两个国家级的重点实验室，一个在复旦大学，另外一个就在澳门大学。澳门大学IC设计是全世界顶级的实验室，包括北大深研院都和它有联合办学的协议。

2018年6月1日，港科大校长和我校陈十一校长正式签约筹建深港微电子学院，包括2018年12月与ARM中国共建中国先进芯片设计联合实验室。现在南山区非常支持，拟建7万平方米的新校区。特别是2018年12月份，我们微电子学院已经招收了第一批深港澳实验班，一共招收了36名学生，他们平均GPA是3.7，2019年也招收了首届的20名硕士和10名博士研究生。

## 四、中国芯,世界梦

我们要不断提高集成电路技术,促进集成电路产业发展,在信息社会发展中实现中华民族的伟大复兴。

基础研究推动了集成电路产业发展。20世纪最伟大的发现是量子理论与相对论,推动了现在的信息社会的产生,基础研究可以直接推动产业的发展。还有,表面态理论推动晶体管发明,氧化物理论促进MOSFET(金属氧化物半导体场效应管)技术成熟。特别是一些大学实验室,BEL实验室完全是一个研究所,它发明的FLASH是存储器的基石。集成电路发展离不开基础研究。之前的是微型化、缩微化、多功能化,现在系统要从功耗和拥有双系统两个角度来做。包括多样化应用、非经典器件的应用,非冯架构,要做其他的架构来实现更多的功能。

我国集成电路研究院所有40多所。在IEDM(国际电子设备大会)、VLSI(超大规模集成电路)等会议上发表文章已逐渐成为常态,成果转化率也在逐步提高,在多个领域基础研究的国际影响力不断提升。特别是国内很多高校基础研究成果也都被融入先进节点的技术,比如说栅介质缺陷表征,被中兴国际采用,还有FinFF老化模型被Cadence(铿腾电子科技有限公司)采用。当然也存在很多问题,集成电路与产业的集合度仍需要提高,产业模式创新、基础研究创新也需要加强。在未来,我国可以布局的几个方向可以与世界同步,甚至领跑全世界。

第一个是人工智能方面。人工智能芯片方面,美国对中国有着非常大的戒备，特别是华为华思，说明中国确实发展了很多，达到它必须重视的程度了。智能计算引擎是 AI 芯片的核心，满足智能计算引擎的基本要素，应该注意避免使用低效的架构。包括超高的计算能力，再生和组织能力，实现智能的能力，要安全易开发，特别是成本要低。

第二个是宽禁带半导体，也就是第三代半导体制造方面，中国也有可能实现弯道超车。宽禁带半导体主要运用于电源、互联网、智能制造、家电、功放、射频、LED。你可以通俗理解，如果作为一个人体来看，第一代半导体主要是提供人的大脑；第二代半导体提供说话、听的能力；第三代半导体提供一个人产生的动力，也就是电源。中国发展第三代半导体主要优势来自中国在应用市场领域的驱动优势，中国在应用市场上占据了绝对领先的优势。

深港微电子学院目前已经建成国家级平台和国家示范性学院，也在加快建设深圳第三代半导体学院，争取成为一个国家级的平台。还有 5G 中高频器件制造业创新中心，现在拿到省级的牌子，下一步希望也能变成一个国家级的平台。

第十一讲

刘召军

南方科技大学 Tenure-track（终身制）助理教授、副教授职称，博士生导师。卡内基梅隆大学访问教授、香港科技大学兼职助理教授。

目前主要从事先进显示技术（Micro-LEDs、微显示、AR/VR等）、第三代半导体电子器件与光电器件集成（氮化镓 HEMT、LED 集成）等方面的研究。世界上最早从事氮化镓 Micro-LED 技术的研究者之一，多项研究成果均为世界领先水平。其研究成果曾荣获 2011 年"百万港元"创业大赛亚军、2015 年国际 IDMC & 3DSA 会议 Best Poster Award（最佳墙报奖）、第二届全国新型功率半导体学术会议最佳论文奖、SID Distinguished Paper Award（SID 杰出论文奖）、LED 首创奖金奖等奖项。现担任多家国际高水平学术期刊审稿人、Crystal（水晶）杂志客座编辑、IEEE Member（电气和电子工程协会会员）、SID 国际信息显示学会永久会员、量子点 &Micro-LED 分会主席、EMQ 分会技术委员、SID 北京分会技术委员、国际领军人才（香港）发展中心人才顾问、评审专家组召集人、广东省公共资源交易评审专家、深圳科技创新委科技专家、广东省 Micro-LED 产业技术创新联盟执行秘书长、瑞丰光电独立董事。

# 从中国电子芯片和新型显示产业发展看贸易战

纵观历史,天下大势分久必合,合久必分,中美贸易战也将是历史长河中的一部分。中美贸易战的大背景是中国经济的迅猛崛起,中国已经成为世界上第二大经济体,拥有全世界史无前例的巨额外汇储备,人民币已成为世界贸易第二大货币,人民币国际化趋势正在逐步推进。中国成为全球经济、贸易、金融规则改革或制定的重要参与者或主导者。

## 一、中美贸易战回顾

第一个背景,中国对美国的巨大贸易顺差。2017年的统计数据,中国对美国的贸易顺差为1.87万亿元人民币,比2016年增长了13%,造成这些贸易顺差的原因归结为以下几点:一是美元成为全球最重要的储备货币。二是产业结构和产业分工大调整。低端制造业不断向发展中国家转移,我国就经历了十年甚至二十年的制造业的发展过程。三是美国的经济结构基本上放弃了制造业，在一味发展高端产业。四是美国国内储蓄极低甚至为负值，借钱消费必然造成贸易逆差。美国消费的每一美元都建立在全世界为它打工的基础之上。

  第二个背景，国际政治与地缘战略。自从特朗普上台以来颁布了不少政策，引发了不少争议，甚至引起了很多革命性的事件。中国的崛起已经严重威胁到了美国的世界霸权。所以中美贸易战看似是由中美贸易顺差导致的，而本质上是美国维护它自己的利益，维护它自己的政治、经济方面的主导地位，不想看到中国崛起。当然国与国之间的竞争，我们希望是君子之争。这是遏制中国发展，削弱中国经济实力的小规模试探性战役。贸易战以及背后的科技战都是试探性的。

  从时间轴上来看，2018年主要有以下几件事情。2018年3月份，特朗普宣布根据1974年贸易法，就是40多年前的一个贸易法的第301条，指示美国贸易代表对从中国进口的商品征收关税，涉及商品总计达600亿美元，中国怎么办？那就回应，你加关税，我也加关税。我记得当时两国对于加关税的内容很不一样，一边是高科技产品，一边是农作物产品。2018年4月贸易战升级，美国宣布因违反美国政府制裁禁令向伊朗等国家出口，中国电信设备商中兴通讯将被禁止从美国市场上购买零部件产品，期限为7年。出了这件事情之后，中兴股票跌了很多，我国整个科技界的股市也是遭到了一个重击。到了5月份的时候，中方派了代表团与美国就贸易问题进行建设性磋商，美国财政部长称暂缓对中国加征关税，贸易战暂停。6月，美国商务部取消对中兴的禁令。

在 6 月取消了禁令，7 月又是一波未平一波又起，美国再次公布对中国征税清单，中国也采取措施，对美国进口商品加征关税。中国商务部宣布，双方此前磋商达成的所有经贸成果将失效。一直到 12 月，才进入休战期。2018 年 12 月，习近平主席与特朗普在 G20 峰会上举行会谈，双方宣布暂停采取新的贸易措施。

在 2018 年上半年，不管是股市、资本市场还是产业界都是欣欣向荣的。当时我记忆最深的，连我在农村的小学同学都问我有没有项目可以投资。我说你都可以找项目投资了，说明发展得不错。但是到了五六月份，情况急转直下，在 2018 年的下半年，不管资本市场、产业市场还是实业市场，都非常糟糕。

当然，杀敌一千自损八百，美国损的还不止八百，甚至也超过一千了。贸易战对美国影响也是很大的，美国贸易保护虽然会对其国内部分行业形成利好，但将损害多数行业及消费者的利益，进一步提高关税，实际上等同于向消费者征税，势必增加美国民众的生活成本，推动美国通货膨胀，制约美国消费，对华贸易战将会导致美国消费者的生活成本提高，日常开销花费比例会更大，低收入家庭会受到更大的影响。所以美国人民更不愿意看到贸易战。

美国对中兴的制裁，是指美国商务部于 2018 年 4 月 16 日宣布 7 年内禁止美国企业向中国的电信设备制造商中兴通讯公司销售零件及其后续事件。2018年这个时候我正在上课，在课上还发动了一个投票，当时投票的议题就是中兴能否挺过这一关。当时大部分同学相信中兴是能够挺过这一关的，事实也证明中兴还是渡过了这个难关。下文我们梳理一下中兴事件的主要时间点。

第一次危机，2012年，中兴将混有美国科技公司软硬件的产品出售给伊朗电信，违反美国对伊朗出口禁令，遭到美国商务部调查。2016年，美国对中兴采取限制出口措施。2017年，时隔1年达成和解，中兴同意支付8.9亿美元罚金并解雇、处罚相关员工。

第二次危机，2018年4月16日，事件的后续发展，美国商务部再次启动出口禁令，宣布未来7年将禁止美国公司向中兴通讯销售零部件、商品、软件和技术。事情一直到6月7日，美国商务部部长表示已达成协议，只要中兴愿意缴纳罚金，并且改组董事会，即可解除相关禁令。6月29日，中兴按照建议把原有的14名董事全数革职。7月13日，中兴缴纳了相关的罚款和保证金，美国商务部解除禁令。

归根到底是因为中兴大量的芯片供应依赖于美国芯片企业，一旦断绝供应后，中兴业务将遭到巨大打击，库存芯片数量只能维持2个月的订单量。你想，如果一个企业它的库存量只能维持2个月，而后面又没有供货的话，那将是致命的事情。中兴事件对中国跨国企业界产生了持续影响，中国意识到了这个严重的问题，意识到了芯片自主研发领域的短板。

## 二、从新型显示与芯片角度分析贸易战

近年来,随着中国半导体产业的迅速发展,中国的芯片自给率已经得到了很大的提高,但是中国半导体产业仍然面临很多困局。

第一,全球的芯片产业格局已经固化,被龙头芯片公司牢牢控制。

第二,中国高端芯片对进口的依赖程度较高,尤其对美国的依赖过高。

第三,国内芯片自产率仍然比较低。不单是芯片,关键的材料、器件方面的自产率也是比较低的。

我国的芯片是大量依赖于进口的,商务部在2017年5月发布的《关于中美经贸关系的研究报告》显示,美国出口的15%的集成电路都销往中国。试想韩国三星、SK海力士和美国美光3家公司占了全世界95%的产量,其中15%销往中国,这个脖子被掐住难以喘气。2017年,我国集成电路进口额2601亿美元,随着国内市场不断扩大,目前集成电路的供给严重不足,高度依赖于进口,其中,中低端芯片对外依存度是80%,而高端芯片对外依存度超过90%。

刚才说的是缺芯,再来说少屏。显示屏的市场是很大的,每一家都需要电视,许多人有手机,许多人有笔记本电脑,显示屏这部分的市场却不是我们的。我国作为一个大国,我们既然已经缺芯,那就再也不能少屏了。但是直到近年,我国才在新

兴显示领域有了比较大的动作。以京东方、TCL华星光电等为代表的一批液晶面板生产商崛起，才让我国的半导体显示领域初步站稳脚跟。《中国制造2025》是我国政府实施制造强国战略第一个十年行动纲领。《中国制造2025》提出，坚持"创新驱动、质量为先、绿色发展、结构优化、人才为本"的基本方针，坚持"市场主导、政府引导，立足当前、着眼长远，整体推进、重点突破，自主发展、开放合作"的基本原则，通过"三步走"实现制造强国的战略目标。

第一步，到2025年迈入制造强国行列；

第二步，到2035年中国制造业整体水平达到世界制造强国阵营中等水平；

第三步，到新中国成立100年时，综合实力进入世界制造强国前列。

美国非常关注"2025计划"，针对这一系列计划做了一些围追堵截。后来我国又布局了"2030计划"和"2035材料强国计划"等。《中国制造2025》计划可以分三个方阵：

第一方阵是美国；

第二方阵是德国、日本；

第三方阵包括中国、法国、韩国、英国等国家。

我国处于第三方阵的前列水平。芯片是国之重器，什么东西都少不了芯片，每天用电的东西基本上都靠用芯片来驱动，芯片制造是《中国制造2025》重点打造的领域，把新一代的信息产业列为需要突破的十大重点领域之首，装备制造业的芯片相当于人的心脏，心脏不强，再壮也没有用。工欲善其事，必先利其器，制造芯片得要有设备。要求设备在 2020 年之前，90—32 纳米工艺设备国产化率达到 50%，实现 90 纳米光刻机国产化，实现浸没式光刻机国产化。到 2030 年，实现 18 英寸工艺设备、EUV 光刻机、封测设备的国产化。

## 三、发展与应对思路

从十九大报告中可以看到国家层面的应对思路。十九大报告指出：推动形成全面开放的新格局，开放带来进步，封闭必然落后，中国开放的大门不会关闭，只会越开越大。大家不要觉得这些文字是空洞的，实际上当你真正遇到严重问题时，这些文字都是具有引领作用的。

我校检测中心二楼有一部接触式光刻机。生产时不用这台设备，它只是研发设备。这台设备做不了 8 英寸晶圆，只能做 6 英寸，放上掩膜版，紫外的光源放下来对它进行曝光，之后再手动将样品取出来拿到显影液里去显影，显影完后再去刻蚀，最终可以做出来晶体管分立器件和小规模集成电路芯片。这种设备不能实现量产，但是对于研发来说，这台设备最小线宽可以做到 500 纳米，这已经是接触式光刻机的极限。大家可以回想一下刚才我们提出了一个战略，2020 年我们要实现 90 纳米，再往后还有 30 纳米、20 纳米、5 纳米、1 纳米。这一台设备是远远不够的，而这一台设备大概 300 万元人民币，算不上特别贵。

荷兰 ASML（阿斯麦）公司停止给福建晋华供应的光刻机超过 1 亿元人民币。这其中的差距可想而知。

设备固然重要，更重要的是使用设备的人。我国半导体产业长期处于人才缺乏的状态。按照 2020 年我国半导体产业达到 1 兆元产值来计算，至少需要 70 万名相关人才，但现在只有约 40 万名相关人才，缺口超过 30 万名。中国集成电路行业专业人才储备数量少，中高级人才缺口非常大。目前很大程度是依赖从国外回来的人，而我们高校呢，在人才输出培养上，业内人士算了一笔账：全国拟建设 26 所微电子学院，目前有 9 所建成，17 所正在筹建。假设 26 所微电子学院全部建成，一个学院一届培养的学生按照 100 人来算，全国 1 年才能培养出 2600 人，而且有些学生毕业后会继续深造，有些再深造还会转专业，而有些毕业生找工作也会跨行业，故全国 1 年培养出来的 IC 人才实际上会更少。这也是整个中国面临的困难。

那么，我们芯片领域如何突破？

第一，兼并收购，用空间换时间。对半导体领域的公司进行兼并收购，或对市场上已有公司购买专利实现技术转移，本地相关人才的培育，以及相关材料、控制、精密机械、光学设备等都需要配套规划。

第二，提高半导体设备业基础，与设计、封装、制造环节不同，国内半导体设备产业的基础最为薄弱。我们暂时做不出来那么好的设备，即使有很好的设备也不会用，实现半导体设备国产化需要产业链各环节甚至大环境的配合。

第三，培养、引进半导体领域人才。美国也有 IC 人才短缺的问题，但站在"食物链"的顶端，从中国、印度引进了大量技术移民。中国的集成电路行业要先做大后做强，人才方面要培养和引进并举，并且争取培养超过引进。

我国从事宽禁带半导体行业的大学和研究所主要有北京大学、山东大学、浙江大学、西安交大、西安电子科技大学、南京大学、南方科技大学、中科院半导体所、中科院苏州纳米所，主要的企业有中兴通讯、中电科电子装备、广东德豪润达、苏州能迅、三安光电、晶能光电、主轴中车、东莞中稼半导体、苏州纳维、江苏华功半导体、杭州士蓝微电子、易美芯光、晶湛半导体等。

第三代半导体产业技术创新战略联盟理事长吴玲女士 2017 年 9 月 14 日来南科大。她是第一次来南科大，来之前对于南科大的发展情况不是很了解。吴理事长做事情很干脆利落，毫不拖泥带水，她来过南科大之后就开始推动建立第三代半导体研究院。2018 年 3 月 31 日，坐落于南方科技大学台州楼的深圳第三代半导体研究院挂牌成立，前后一共只用了 6 个月时间。深圳速度本身已经比其他地方的速度快了很多，南方科技大学的速度又在深圳速度的基础上提高了好几倍。

下面介绍一下光电子和微电子融合支撑产业升级和高质量的发展。这是讲到我个人的研究领域了。Micro-LED（一种新的显示技术）响应技术非常快，不仅可以用来做显示，还可以做光通讯，做车灯，现在奥迪上面的可编程汽车大灯就是用 Micro-LED 来做的，它还可以像素化自发光，功耗非常低。Micro-LED 做的显示器件功耗是目前的几分之一，目前非常有代表性。我们看到周边的图可以用来做什么？投影、头戴显示、可穿戴设备。Apple Watch（苹果手表）是一个设计非常好的产品，很漂亮，用起来也很人性化，唯一的缺点就是使用的时间太短了。如果第一天忘了充电，第二天就用不了，它只能用一天。其中有很大一部分的电源是消耗在显示屏上，如果用 Micro-LED 则可以使用两天或者三天。如果三天充一次电还是可以接受的，这就是为什么苹果投入了将近 10 亿美元研发 Micro-LED 技术。

Micro-LED 是一种新型的异质集成光电、微电子芯片，集成电子芯片就是基于 Micro-LED 显示来用的。它一部分技术来自显示技术，另外一部分来自第三代半导体技术。我们制作了第一个柔性透明的 Micro-LED，它是柔性的、双向显示和卷曲的，显示的字是"南方科技大学"。我们很早就做这个技术了，这个技术现在全世界都关注，我们写的是"All made in China"，即专利、布局等所有都出自中国。作为新型显示与光电子、微电子、半导体技术的融合产物，Micro-LED 的投入方向，产业界已有多家进入了百亿元投资范畴，可谓是将来的国之重器。南方科技大学在这方面做得比较好，我们在国内处于领先地位，在国际上也是靠前的。我和孙老师是国际显示学会会员，我是 2018 年 SID Micro-LED 特别专题的主席，所以我们在这些方面还是做得不错的。我们从产业、学术两个角度推动发展。我校对这个事情非常支持，我们也有信心做好。

Micro-LED 是我们多年积累的一个研究方向。现在我们把目光从时间转到空间上，看一下粤港澳大湾区。说到推动粤港澳大湾区就一定要提到李泽湘教授了。李泽湘这个名字可能不是每个人都知道，但是大疆无人机在座的同学几乎都知道吧。李泽湘教授是大疆无人机的创始人，他说，过去 30 年，全国都吃够了没有芯片的苦头，我们的家电、计算机、手机一直没有拥有自己的核心技术，但在未来 10 到 20 年，我们将会有机会重新定义智能系统、智能终端，也有机会重新定义芯片。

从深圳的角度来看，深圳是全国最大的电子信息产业基地，地域优势非常明显。深圳电子信息产业是深圳市的支柱产业，占全国 1/6 产值，占深圳市高新技术产品产值 90% 以上，这是多么大的一个比例！政府提倡，在深圳形成完整的电子信息产业链，由此带动全国的高新技术发展。在深圳市委、市政府的大力支持下，南科大做了很多大事情，第一件大事是第三代半导体研究院于 2018 年 3 月 31 日成立，投资数十亿元人民币，这些设备、固定资产等都是归南科大的，南科大是三家理事单位之一。另外两家理事单位是深圳市政府、第三代半导体产业技术创新战略联盟。

第二件非常重大的事情，也是我初期参与了很多的事情。2018 年 6 月 1 日，南方科技大学与香港科技大学合作建设深港微电子学院签约仪式在南科大国际会议厅举行，两校共建深港微电子学院（筹）正式揭牌。这挺不容易的，与香港科大共建深港微电子学院差不多在南科大建校之初就开始谈了，进展有时候顺利，有时候不顺利。2017年能把这件事情推向成功非常不容易，我们非常激动，当时我还发了一个朋友圈。从我个人角度来看，参与的三件大事情已经成了两件，我非常期盼的第三件大事是南科大邓青云未来显示研究院能够完成，但是2017年没能做完，学校后面会继续努力。在做这些工作的同时，我们也在定期地向工信部和科技部等各部委汇报工作。南科大非常希望引进邓青云教授，他是OLED技术的发明人，曾获得诺贝尔奖提名，并且以后有机会拿到诺贝尔奖，在学术界和产业界影响力非常大。如果能把他请到南方科技大学，将会把信息显示和光电领域提升一个大台阶。

## 四、家国与我

有国才有家，有家才有我。下面分享一下跟大家息息相关的事情。南科大团委主办了一些活动，比如寻找民族脊梁，这使大家在家国情怀方面有一些感悟。在庆祝改革开放40周年的大会上，习总书记发表了重要讲话并为获得改革先锋称号人员代表颁奖。其中一位叫作李东生，一位叫作王东升。李东生是TCL的董事长，TCL也是做显示的龙头企业。李东生带领团队建立了华星光电，之后依靠自主创新建成了显示面板生产线，实现了我国这一行业的历史性突破。王东升是京东方的董事长，他说以前在国际合作中，国外专家有时候是真的不尊敬你，但你必须学会忍耐。

这里有一个我亲身经历的小故事。2017年韩国显示领域大会（iMID）上，LG的CTO（首席技术官）在演讲时，我和几位中国科学家发现他用错了中国的地图，他的PPT里的中国地图少了很多重要的区域。我就去网上搜索了一下，这下不得了，发现一些国家的教材中的中国地图就是这样的，这个事情让我非常愤怒，是可忍孰不可忍。我不认识这个CTO，但是我认识他的博士生导师，而且跟我关系还不错，韩国庆熙大学的Jin JANG教授，他在这个领域影响力很大。当天晚上我就给Jin教授发了电子邮件，把事情澄清了一下，并且还附件了一份正确的中国地图给他。Jin教授人还是非常正直的，他凌晨两点多给我回邮件表示歉意，并将此事告知了LG方，最后这件事以相关人员给国际显示学会北京分会道歉得以解决。

如果LG不发道歉信，下一步我们可能就会联合起来抵制LG，不少国内同行已经在摩拳擦掌了。我当时已经做好这一辈子不去韩国的准备，所幸这样的情况并未发生。2018年iMID召开的时候，韩国方面还邀请我去做了一个90分钟的报告。我觉得这件事情不能说是小事，涉及家国立场就没有小的事情。平时给学生们上课，我也会说做事情的时候一定要分清对错。"对"这个字是非常简单的，但是你想每件事情都做到这个标准就很难了。这也是我对自己的要求，也是对学生们的要求，希望南科大走出去的学生在这方面能够有所担当，把家国情怀与现代科技结合起来。

第十二讲

# 徐政和

现任南方科技大学工学院院长,材料科学与工程系讲席教授。

徐政和教授于1990年在弗吉尼亚理工大学获得博士学位,曾在加拿大麦吉尔大学(1992—1996)和阿尔伯塔大学(1997—2017)任教,主要从事界面材料科学及其在自然资源开发与利用中的应用研究,迄今已发表SCI期刊学术论文430多篇,国际学术会议论文60多篇,参与著书1部,编书2部并撰写书籍章节12章。徐政和教授2008年当选加拿大工程院院士,2015年当选加拿大皇家科学院院士,曾任加拿大冶金材料学会主席(2016—2017)。

# 磁分离在生命、能源与环境领域中的应用

今天和大家分享的主题是 Magnetic Separation，中文译作磁分离，磁分离有一个专业术语是磁选，利用磁的特性来分离物质。

## 一、什么是磁分离

今天我带来了一块磁铁、一个铁夹子、一个 1 元的硬币，口袋里还有一张 100 元、一张 10 元的纸币。我的目的就是要用磁选的方式把它们分开，铁夹子和硬币可以用磁铁分开，但是纸币是无法用磁铁吸出来的。磁铁本身可以吸铁，铁夹子本身可以被吸起来，但是没有吸的能力，三种物质的内在差别在哪里，是我们磁分离最先要了解的。

比如说有很多铁矿跟沙混在一起，你希望把铁矿跟沙分开，这就需要用磁选的方法把它分开。磁场中最关键的是能够把物料吸附，磁力必须大于重力，如果磁力不能大于重力，那么颗粒

在重力的作用下就会掉下来。磁力与物体的体积有关，体积越大，磁力越大，吸力越大。磁场的强度用 H 来表示，也是呈正比的关系，磁铁越强就可以吸住越大的物料，与磁场的梯度即磁场在空间的分布也有关系。这就是为什么有些物质可以吸起来，有些物质吸不起来，就是由这个物料的磁化系数决定的。我们分磁选不仅可以分有磁性和无磁性的物料，还可以分磁性不同的物料。这就是磁选最基本的理念。

## 二、磁铁与磁分离

接下来了解一下磁性是怎么来的。大家都知道磁铁本身就是一种物质，刚才说的吸铁并不是磁铁最大的物理特征，而是物理现象，最大的物理特征是本身能够产生磁场。

大家都知道，所有的物质都是由分子组成的，分子由原子组成，有铁原子和氧原子，原子大家都知道是由原子核跟电子组成，电子围绕着原子核旋转，就相当于有电流，电磁感应就会产生磁场，磁场的强度与电子移动的速度、电子移动的量有关系，所以把磁场的强度用磁矩来描述。

但是在通常的情况下这些磁矩随机排列，磁矩本身是矢量，所以若把它加和，这个磁矩跟另外一个磁矩会抵消掉，统计加起来总的物质的磁矩是 0，这样就不具有磁性。

如果在外加的情况下让磁矩定向排列，把这些磁矩加起来就能产生很强的磁场，如果磁矩的排列能把外在的磁场同样这样排列，就变成了永磁铁。

那么纸币的差距在哪里？纸币是在外在的磁场下，而在外在的磁场下，磁矩无法定向排列，没有办法被磁化，因此不能被吸附起来。这就是磁矩定性的描述，当然定量的描述是沿着物质，在外在的磁场下看内在磁化的强度来区别物质。这里有三种不同的物质，其实就是我今天带来的物质：铁磁体、顺磁体、抗磁体。这块磁铁就是铁磁体，硬币、铁夹子就是顺磁体，不具备永磁铁的特征，纸币不具备磁性就是抗磁体的物质。

## 三、磁分离的应用

### （一）在生命科学中的应用

接下来给大家介绍一下磁分离在生命科学里的应用。身体里没有哪一部分是有磁性的，如何把它分离？还用我带来的东西举例说明。我们知道，一般情况下，磁铁无法把100元纸币吸附起来，要把纸币吸起来，可以做一个夹子，用这个夹子夹住100元的纸币，再用磁铁选择性地把100元纸币从其他的10元纸币中分开。这些步骤中，最关键的是选择性地把夹子夹在你所需要的100元上，而不是夹在10元上。如何设计"夹子"，这就是我今天要给大家介绍的科研组做的研究。

第一个试验是细胞分离，就是如何把被病毒感染的细胞从血液中分离。不健康的细胞带有病毒，这个病毒抗原有特性，我们通过医疗科研想办法把有病毒的细胞从血液中去除，希望把像"铁夹子"的材料（纳米级）附着在细胞上，因为光是磁铁，是放不上去的。于是，我们就想办法找生物分子，找到对某一种抗原具有标识的抗体，生物分子能够识别病毒的抗原，通过搞生物的科研人员研究，不同的病毒要用不同的抗体，一旦找到这样的抗体后就想办法组装嫁接到这个小磁铁的表面。但是一般的生物分子跟四氧化三铁表面没有直接的建和作用，搭载不上去，因此要先对四氧化三铁表面进行修饰，给它装上一种分子，这种分子一端可以装上羧基，就可以与表面的铁建和，另一端装上硫基。一旦通过表面修饰后，抗体就可以嫁接在小磁铁上，一旦小磁铁嫁接好，其实"夹子"就已经成功做成，就可以把它放到血液中识别，而且只会识别被病毒感染的细胞，一旦识别之后就可以用磁铁把它引导到某一个部位，就能很方便地把感染的病毒细胞取出来。

**（二）在环境科学中的应用**

磁分离在环境中的应用，一个是水处理，一个是烟气的净化。

### 1. 水处理中的应用

我们希望在废水排放之前可以把重金属去除掉，或者把这些重金属分离或是回收起来。为了达到上述目的，关键是要设计具有磁性的吸附剂。这个吸附剂具有什么样的特征呢？我们做科研跟大家做习题其实是一样的，首先要思考一下解决这个问题它具有什么特征和希望达到的目的。Magnetic Sorbent（吸附剂）最重要的特征是可以抓住水里你所需要的金属离子，需要效力高；希望这个材料拥有大的表面积；希望吸附剂可以循环使用，没用的话可以进行安全排放；希望吸附上去的离子能够容易地脱离下来；最后这个吸附剂一定要很稳定，不要加到废水中就溶解了。这就是我们设计磁性材料吸附剂的思路。

刚才介绍的四氧化三铁是可以被磁化、被吸附的，当然这个颗粒比较小，都是微米甚至纳米级别的颗粒。为了使磁性颗粒在酸性水里保持稳定，首先要对颗粒进行保护，加上一层薄薄的二氧化硅，把这个磁性颗粒保护起来。但是这个颗粒本身表面积不是很大，所以脱除废水里的金属粒子需要加很大的量，才可以把表面积增大。方法之一就是在二氧化硅上镀上一层多孔的硅材料，用树胶的有机分子膜做膜板，就跟蜂窝煤一样，把蜂窝煤组装到这个表面，蜂窝煤之间的孔隙就用硅材料把它填满，然后把里面有机分子的膜板给烧掉，这样就可以得到多孔的硅表面膜在四氧化三铁表面上，这样你就做出了多孔的材料。

### 2. 烟气净化中的应用

接下来跟大家介绍磁分离在烟气净化方面的应用。目前主要应用于把灰飞里的汞处理掉，本来灰飞可以做混凝土，含有汞元素后就不能做混凝土，这是有待解决的问题。

我们课题组开发了一种以贵金属为基础的吸附剂，以银为例，银与汞能形成汞齐反应，汞齐反应本身是可逆的，很容易把汞齐反应出的重金属抠出来，这样就可以完成再生的功能。

先选择一种多孔的黏土,这种多孔的材料是孔洞结构,这种材料里含有很多钠离子,钠离子可以跟银离子替换。如果把黏土放在含有银离子的溶液中,里面的钠离子就会被银离子替换出来,银离子就会在黏土中,银离子很容易还原,还原后就可以形成一个小的纳米颗粒,这个纳米颗粒就是我们所需要的反应器,去巩固汞。

我们把含有汞的气体经过吸附剂,看一下有多少汞穿透了吸附剂。这里有一个银造的玻璃球,在玻璃球上镀三层银,发现还没有形成纳米颗粒的银在100℃之下还是能捕捉汞,穿透能力几乎是0。但是在温度超过100℃之后,银的穿透力非常高,如果把银变成纳米颗粒之后会发现,到250℃、280℃还能很有效地把气体里的汞离子固定住,只有温度到三四百摄氏度的时候才没有固定汞的能力了。这对我们来说是好事,因为要再生,再生就需要把汞离子释放出来,而只要把温度增加到三四百摄氏度,固定住的汞蒸汽就会释放出来,这个银就可以再生。

当然这非常理想,而在实际运用的过程中,因为加进去的黏土是跟灰飞在一起的,所以没有办法把加进去的吸附剂跟灰飞分开,但是可以想办法让黏土有磁性,被静电除尘器捕捉后,用磁分离的方法直接把灰飞和吸附剂分开。灰飞不含有汞蒸汽,是很干净的灰飞,可以做其他的用途。吸附剂也可以循环使用,用到一定程度后可以再生再循环使用。关键在于怎样设计复合材料。

比如说黏土的正面是小磁铁,要想办法把小磁铁和黏土变成复合材料，而且做复合材料时要保证黏土的空隙不能被堵住，因此可以把这个黏土分散在有机项里，把四氧化三铁小磁铁分散在带有硅的溶液中，把溶液过滤掉，磁铁跟黏土在有机溶剂里混合，混合之后会黏在一起，经过烧制就会把硅固化，硅固化后也不会堵住黏土的空隙，就得到了有磁性的吸附剂。有磁性的吸附剂本身是钠离子，对汞没有很强的捕捉效果，只有把里面的钠离子用银离子替代后，继续还原，得到的复合产品才会捕捉汞。

### （三）在能源科学中的应用

在采油过程中如何用磁分离为我们服务呢？它所需要的磁颗粒的特性又是完全不一样的。

加拿大的油水比较稠，一般打井是抽不上油的，所以就在井里注入蒸汽，把油层加温，油的黏度降低，就和蒸汽一起抽上来了。抽上来的油大部分是水，含油量非常少。所以首先要进行的就是将油和水分离。大部分的水是很容易去除的，但是当油里的水只有5%左右的时候就很难去掉。这时就会有人去研究为什么这个水很难去掉。

在显微镜上可以发现，这个水珠的密径很小，尽管水和油有比重的差别，水会往下面沉。但由于密径很小，沉得很慢，没有明显的分离。所以要想办法让油和水分开，就一定要把水珠的体积增大，离心的方法对设备的要求和成本都很高，一般是通过加化学药剂的方法把尺寸增加。

接下来我们就研究一下为什么小水珠这么稳定。从物理学的观点来看，两个小水珠变成一个大水珠，油和水的界面是减少的，要产生油和水的界面需要能量，两个水珠变成一个大水珠，从热力学的角度来说，能量是降低的。大家都知道能量降低是一个自发过程，但是在油和水的混合体系中，两个小水珠即便有外力的作用，也不能让它们成为"朋友"。这使我们非常困惑，为何会违反热力学定理？

我们就进一步研究，水和油之间形成了类似橡皮的膜，最大的特征是这个膜看不到，是分子级别的膜，由于膜的存在使得两个水珠很难兼并。因此，我们把这个膜拿出来用显微镜看看是什么样子。能发现很多聚集的分子形成了物理上的膜，想要让这两个水珠兼并就要破坏这种分子膜。

如何把这个膜破坏掉？可用化学药剂破乳剂。这个破乳剂一面一定是连着有机项（油项）的，而且这个分子必须喜欢到油和水的界面来。这个分子要既喜欢油又喜欢水，还要有界面活性，且这个分子一定要能够把原来形成分子的膜破坏掉，又不能形成之前有的分子膜，这个药剂还最好是非常环保，是天然物质，最后是要便宜，而且来源广。

根据这几个要求，就找到了天然分子纤维素，它里面有很多羟基，这个羟基分子只喜欢水，不喜欢油，这样的分子只会到水里，不会到油里，不具备油和水的活性。我们希望把一部分喜欢水的分子用喜欢油的结构替代掉，一旦替代掉，这样的分子大家都知道，一部分很喜欢水，一部分很喜欢油，放到油和水的混合体，会分别在油和水的界面中。

我们要看这个分子是否可以到油和水的界面中，产生油和水的能量，这个能量越大就证明产生界面越难，一旦把 EC 加进去后，分子的界面就急剧降低，证明加入的 EC 比表面活性的分子更活跃。从这里面可以看出来，它只是渗透进去了，但是并没有完全进入油和水的界面。

加了之后到底有什么效果？这两个水珠在外在的压力下是不会兼并的，但是当浓度增加到 135 个 PPM—EC 的时候，两个水珠就变成了一个大的水珠，水珠越来越大，直径增加很快就会沉淀下来。

从测含水量来讲，刚开始什么也不加，含水量是 4.3% 左右，加到了 135EC—150EC 的时候，含水量降低了很多，可以达到合格的要求。这个与磁性和磁分离无关，接下来要讲的是最精彩的：创新。

如何通过小磁铁把我们的工作做得更优秀，我们的思路是，若是能够把刚才找到的分子嫁接到小磁铁上，这个小磁铁本身就具有界面活性，再把小磁铁加到水油的混合体系中，它会到水珠表面附着，粘在上面以后，加进去的磁铁就会把它吸到你所需要的地方。上面就得到了干净的油，下面则得到可以循环使用的磁场。

找到思路后，我们还要想的是对磁性到底有什么样的要求。首先它必须能够分散在油里，才有效果到油和水的界面去，且要有界面活性，并能够渗透油和水的界面，最重要的是要有磁性，是我们对颗粒的要求。

根据我们的知识，经过一系列设计和实验室的研究找到这样的途径，把这个锈嫁接到纤维素上面，把表面加一个氨，让锈和氨反应就得到这样的颗粒，我们叫它 M—EC。

M—EC 到底有没有我们想要的功能？首先它要喜欢油和水。我们就做了很简单的试验演示，两个瓶子里上面放的是油，下面是水。把小磁铁放进去，很快就渗透了油和水的界面，沉到水里了，完全是没有油和水的界面活性。但是把 M—EC 放到同样的体系中，它不在油里也不在水里，由于它的特性，到油和水的界面里附着了。

一定要有磁性，一是没有包覆的，一个是包覆以后的，磁化的特性基本上是一致的，当然磁化的强度有一点降低，原因就是外面包上了 EC，使磁的反应性能降低了一点。最关键是希望在里面加上小磁铁，我用磁铁把它吸掉就能得到很干净的油，这就是我们希望达到的目标。

加了 EC 后确实可以把水珠变大，沉下来，加了 M—EC 之后也可以把水降到合格的水平。这时候同学就会问，为什么要画蛇添足，把 EC 加到磁性颗粒上，没有磁性颗粒重力也可以分。

最后我就给大家讲一下更具体的结果，加了 1.5 的 M—EC 就发现，到 6.0CM 这个地方取的样含水量还是很低，说明你就多采了 20% 的油，这是一个很客观的数据，同时降低油渣的体积 20%，这是非常有效的改进。因此把 EC 加在磁性颗粒上并不是画蛇添足。

同样是加了 EC，一个是放了磁铁，一个是不放磁铁。不放磁铁里面含有 1% 的水，但是加了磁铁就可以很快将含水量降低到 1% 以下，证明它分离的效果非常好，这从工业上来讲，不需要做一个很大的分离罐，直接吸出来就可以了，可以使成本大大降低，而且可以循环使用，所以磁性颗粒确实有很大的用处。

现在，让我们总结一下，做科研一定要有创造力，一定要有批判性的思维，不要别人做出来的你都以为是对的，即便文章已经发表了。然后，一定要开放视野，不要局限于自己小小的领域，要多学科交叉，而且一定要保持好奇心。最后，一定要努力，我也一直都很努力，这才是科研成功的秘籍。

第十三讲

郑春苗

美国威斯康星（麦迪逊）大学博士，现任南方科技大学校长办公会成员、国际合作部部长、讲席教授。2015年3月加入南方科技大学，创建环境科学与工程学院并担任院长。曾任北京大学讲席教授、国家特聘专家、水科学研究中心主任，美国阿拉巴马大学地质科学系Lindahl（林达尔）终身讲席教授。

已主持60余项政府和工业界资助的科研项目。发表专著5部，如 Applied Contaminant Transport Modeling（《应用污染物运移模型》），及论文270余篇（其中SCI论文200余篇），内容涉及地下水污染机理与修复技术、生态—水文过程集成研究以及新型污染物健康风险分析，等等。开发了地下水污染模拟标准软件MT3D和MT3DMS，在100多个国家得到广泛使用。美国国家研究理事会（National Research Council）水文科学核心小组成员、国际水文科协（IAHS）国际地下水委员会主席。曾是美国地质学会会士（Fellow），荣获美国地下水协会1998年度John Hem（约翰·赫姆）杰出贡献奖，中国国家自然科学基金委2006年度海外杰出青年合作基金获得者。作为首位华裔科学家，获得美国地质学会Birdsall-Dreiss杰出讲席奖，应邀到世界各地70所大学和科研机构讲演及学术交流。获得美国地质学会O.E. Meinzer奖（国际水文地质界最高荣誉）及美国地下水协会M. King Hubbert奖（该协会最高科学奖）。

# 绿色深圳与美丽中国

## 一、我的环保人生与家国情怀

首先我向大家介绍一下我本人以及我走过的道路,可以说是一条环保人生之路。

我是 1979 级大学生。来自福建省闽侯县,高考考到了成都地质学院(现成都理工大学)。大学毕业后我公派出国,在美国威斯康星(麦德逊)大学(University of Wisconsin-Madison)完成博士学业。博士毕业后,我觉得应该获得一些实践经验,于是就投身工业界。这份经历对我今后的发展也非常有帮助,它教会我每当遇到问题时如何判断什么是最重要的,如何迅速找到有效的解决办法。我当时在美国 S.S.Papadopulos & Associates 环境与水资源咨询公司担任高级水文地质师。从 1988 年到 1993 年,我在这个公司工作了 5 年,然后我又回到学术界。

我在美国一直从事的工作就是研究地下水污染问题。当时在美国,是研究地下水污染的黄金时代,政府和业界投入大量精力和经费。我们中国现在似乎正在进入这样的黄金时代,因为我们国家和公众也越来越重视水污染、土壤污染治理方面的问题。在地面以下，在大家轻易看不见的地方，所有地面上的污染源、垃圾填埋、工业园区排放物都会渗透到地下，这些污染的东西会进入地下水里，在水里迁移转化。那么最后这些污染物都去了什么地方呢？它们到我们的海里、江河里、井水里，等等，又回到环境中去。所以说我们必须对它进行监测，进行治理。刚才王德军老师提到我研发的一些地下水污染模拟软件，从开始研发到现在，已经过去了将近30年，它们还是国际上这方面最常用的标准，引导整个地下水污染修复工业界的发展。我们这个软件也应用到了北京和我国其他地方的地下水修复项目。

1993年我回到学术界，去的是位于美国南方的阿拉巴马大学(University of Alabama)，在那里做了很多工作就跟现在的研究有关，监测地下水污染和揭示污染物迁移机理。我们环境学院好几门课程都跟地下水有关。在地表下，你又看不见，所以主要靠打井来进行监测和建立数学模型进行机理研究。回国之后，第一站是到北京大学，做的工作主要是水危机、水短缺问题的研究。

2015年3月，我在陈十一校长来南科大不久之后就加入了南科大。当时我是一个人只提了一个书包就来了。我组建了环境学院，现在环境学院发展得很好。我从来到南科大的第一天开始就得到我在美国读博期间的导师很大的帮助。我的博士导师是Mary Anderson（玛丽·安德森），她也是我们环境学院指导委员会的主席，除了在学术上，她还在方方面面推动着我的事业。所以我给大家一个忠告，善待你的老师，善待你的同学，善待你的母校，任何时候你都可以向他们寻求帮助。南科大环境学院发展已经几年了，我们现在有五十几位教师，几十位博士后，还有一两百位研究助理和研究生，学院发展得非常好，后面会更好。

南科大建立环境学科的时机很好，因为我们国家从中央领导到地方领导，以及人民群众都开始重视环保。我今天要讲的题目就和环保有关：绿色深圳与美丽中国。深圳市的空气质量很好，但是水质污染却比较严重，这是深圳的头等环境问题，也是我们环境学院要做的第一件事情。我们获得了深圳市政府支持的"孔雀团队"称号，这可能是深圳第一个环保领域的孔雀团队。我们做的工作就是用系统科学的理念和手段来治理深圳市的水环境污染问题。不仅仅是对河流或者工业污水进行处理，还包括把地表水、地下水和生态系统一起结合起来考虑，做好顶层设计。我们一方面特别要强调跟地方需求结合，水污染是最大的问题，我们要去解决；另一方面我们也要解决最前沿、最重要的科学问题。现在最重要的环境科学问题是什么？是全球变化。环境学院的许多老师，包括我本人的团队，都在研究全球变化带来的资源环境问题。

## 二、全球十大环境问题

下面我就围绕这几个方面跟大家聊一聊全球的环境问题。

大家考虑环境问题的时候，其实要从一个地球系统科学的角度来看。我们现在说空气是大气圈，水是水圈，土地是土圈，它们共同成为一个整体、一个系统，可以称之为地球系统。我们现在研究的环境问题要从地球系统的概念把这几个圈联系在一起综合考虑，然后来探索解决人类面临的环境挑战。

第一个问题，我刚才已经提到了，现在我们环境问题最大的挑战就是气候变化。很多科学研究都是围绕气候变暖带来的问题。未来10年或者更短的时间内若不采取重要的措施，那么它带来的问题就可能不可挽回了。

第二个问题是臭氧层的破坏。这个问题给我们地球上的生物造成了很大的破坏。在20世纪80年代全球科学家的共同努力下，这个空洞已经开始减小。

第三个问题是生物多样性的减少。这是一个全球范围的重大挑战。环境学院也有一个老师在专门研究这一问题。

第四个问题是酸雨的蔓延。空气污染造成雨的酸性很强，地球上各种各样的植被被破坏，酸雨对人类的健康也有有害影响。

第五个问题是森林锐减。主要是由于大量的砍伐造成的，我们中国在几十年前砍伐了比较多的树木，现在世界上很多国家相继出现了这个问题。

第六个问题是土地荒漠化。人类不合理的活动会加快荒漠化速度。

第七个问题是大气污染。这个大家是最熟悉的，我就不多讲了。

第八个问题是水污染。比如工业与生活污染没有处理排到河里、水环境富营养化，地下水超采加重了水污染等问题。

第九个问题是海洋的环境问题。这个研究相对还是比较少的。我们现在有些被污染的地表水、地下水被直接排到了海湾，对生物的破坏非常严重。另外，地面上的污染物进入海岸之后，它会造成缺氧带，缺氧带有时候有几公里长。

第十个问题，也是最常见的，就是固体废物污染。垃圾填埋地，尤其是电子垃圾是中国所有的大城市都面临的问题。它们堆积起来怎么办呢？我们环境学院的老师刚发表了一篇文章讲到这个问题。

我刚才从全球的角度讲了我们所面临的环境问题，如果你们能一下子说出十大问题中的五大问题就已经很不错了，我可以给你们满分。

## 三、美丽中国

现在讲讲中国。我们国家现在已经在采取一些重大的举措。措施之一就是严格执行《中华人民共和国环境保护法》。环保要有执法来保证。我们正在努力开发利用新的环保能源，例如风能、清洁能源、天然气，所以总体来说我们碳排放量是逐渐降低的，增速基本上是为0的。中国的绿化、治理空气污染成效都非常明显。

有一个案例,是我们刚刚在做的——山东鲁抗污染场地修复。经过几十年的制药,场地的污染非常严重,污染物污染了土壤,之后进入地下水。我们在这个污染场地做了详细的调查以后,认定了几个地方需要做一个深度的研究……山东省生态环境厅的厅长来视察时,对我们做的工作非常满意。

## 四、绿色深圳

我再讲讲绿色深圳。深圳有很多特点,经济发展快,但是资源少,城市面积小,环境容量小。深圳没有大的河流,河流的冲淡、冲洗、自净的能力是有限的。但是深圳的环境保护工作我们还是应该肯定的,它取得了很多的成绩,生态保护做得非常好。不过我们也付出了很多环境的代价。我们地不够用了,于是去填海,这样海洋生物多样性就遭到了破坏。我刚来的时候,深圳的300条城市河流有160多条都是所谓的黑臭状态,黑臭就是最差的水质。水质分成五类,"五"是最差的,如果比"五"还要差,叫劣五类,就是黑臭水体。还有,我们到处挖山建筑,这些人类活动虽有利于经济的发展,但确实给环境带来了很大的破坏。

第一,深圳自然水文条件导致水环境容量先天不足。我刚到深圳的时候听到一个令我惊奇的数字,深圳市是全国人均水资源量最少的城市之一,大家都觉得不可理解。为什么水资源如此匮乏,我们这里经常下雨,怎么会缺乏水资源?这是因为雨水一下来就进入河里、进入地下，都被污染了，没法用。我们这个地方没有很大的河，所以我们修了小水库可以提供20%的饮用水，但是水资源还是非常少。我们现在提倡建设海绵城市，等把水污染治理好以后，会有一些地下的水、河里的水可以用。另外，还有一个问题，雨水的分布非常不均匀，雨水最多的时候是夏天，而秋天、冬天是比较少的。

第二，水体水质不容乐观，最大的问题就是黑臭水体，占据了一半以上，其他水体的污染程度也很严重，所以说这是一个巨大的挑战。深圳河流特别是茅洲河，我去了几次，那里污染真是严重，味道刺鼻。至于深圳的海岸带，东边还可以，还好一点，但是西边海岸带环境非常糟糕。

南方科技大学要站在国际学术前沿，同时要帮助深圳解决问题，满足国家的重大需求，这点非常重要。所以我们环境学院在这方面也非常努力，努力帮助深圳治水提质。我们可以做很多的科研，也可以做示范，要提供给政府这种基于系统理念的治理方法，提供一套科学的方案，不能光做表面工程，就去外面挖一挖，就当是把底泥挖出来，把河水治了，而是要把治水当作整个系统来考虑。

对于做研究来说，我们环境学院要真正地把这个问题处理好，从根本上治理，大家首先需要知道污染源从哪里来，它的迁移路径，还有它经历的生物化学反应，它的整个过程机理。所以我们现在把茅洲河当成一个重要的研究试验场地。所有的污染物变化规律，还有关键水文物质迁移过程，地表水、地下水协同治理。

我们做了很多工作，比如说从采样到现场测试的整个过程，对现场的分析。其实，只要我们能够找出污染物的迁移规律，找出一个好的治理方法，让茅洲河能够治好，那么所有地方的水污染就都能治好，因为它是污染最严重的地方。同时我们这个团队也在做这种地表水的研究，刚才强调了，我们的理念是不能够片面地聚焦在某个方面，所以我们团队也研究地表水、地下水是怎么交换的，比如说我们整个深圳市总的年降水量大约是 2000 毫米，一部分流到河流里，一部分蒸发掉，还有一部分补给地下水，那么最终都去到哪里了？最终还得回到河里，回到海岸带。大家想想看你只管河，不管这部分的地下水肯定不行的，污染物最严重的河水从表面上治，可能能从五类水改善到三类水，但是要到二类水、一类水则必须综合考虑地表水和地下水。

## 五、机遇和挑战

我们从全球讲到中国、讲到深圳，后面我们能够做什么呢？我们现在的机遇特别好，一方面我们深圳的经济力量摆在这里，深圳是能够 5 年投入 800 亿—1000 亿元人民币来治水的地方，这在其他地方几乎难以想象。同时我们党中央决定把粤港澳大湾区作为中国最重要的几个发展经济的引擎，发布了《粤港澳大湾区发展规划纲要》，所以我们很多工作都要围绕《纲要》来展开，包括我们的科研。粤港澳大湾区现在已经是中国最重要的经济发展地区之一。世界上最著名的几个湾区是哪里呢？

旧金山、东京,还有就是纽约。我们的粤港澳大湾区经济发展速度是这几个湾区里比较快的,而且地位也越来越重要,所以未来5年、10年经济总量在中国的比例还要大幅度提高,可以说前景是无限的。

我们环境学院,或者说南科大能够做什么呢?围绕着粤港澳大湾区的规划来对照一下,我想跟大家说的是,《纲要》上讲到的东西我们都能做。

第一,《纲要》提出打造生态防护屏障,实施重要生态系统保护和修复重大工程。我们学院刘俊国教授就是这方面的研究专家,在他来南科大之前就成立了北京生态修复协会,所以他直接就对应生态修复领域。冯炼助理教授,也在参与刚才我提到的粤港澳大湾区这个基金委重大研究项目:海岸带生态环境变化,污染物和营养物的变化。李海龙老师主要从事海岸带地下水研究,他过去10年、20年都在做这方面的工作。李海龙和冯炼老师的工作,直接关系海岸带的保护和海岸带的监测。而且遥感可以大尺度、大面积、快速地进行研究。

第二,《纲要》提出加强环境保护和治理。我刚才跟大家讲的就是我在地下水、探索污染物迁移转化的研究过程。我院还有张幼宽老师,他现在跟我们做的工作差不多,地下水修复,包括流域上的。他在南京大学的时候,就负责整个淮河流域的水污染的综合治理。刘崇炫老师,刚刚我提到的茅洲河很多工作就是他在做。另外,他还做污水处理、黑臭水体治理等工作。郑焰老师也主要做这方面的工作,她原来做了很多砷污染物对饮水源的污染研究。

我们前两年进的教授大部分是做水污染的，但是我们现在有越来越多的教授在做大气环境研究。大家知道，深圳空气虽然看起来很干净，但是有时候空气质量还是有问题的，也会有一些雾霾，所以说还是很需要留意空气质量的。傅宗玫教授刚刚从北京大学加入我们，我们现在还有两三个年轻的老师也在做这方面的研究。

另外，关于固废。我们有几个老师拿到了一个固废专项，科技部专门让深圳市来探索固废污染治理，解决城市里的固废问题。张作泰教授在这个方面有很重要的一个课题。还有唐圆圆教授、陈洪教授等。

再来谈谈土壤修复，胡清老师的主要工作就是研究土壤修复、绿色可持续发展、环境大数据等。王俊坚老师，则研究土壤污染物分析的方法，还有全球气候变化对土壤质量的影响。

第三，《纲要》提出创新绿色低碳发展模式。我院叶斌教授参与了深圳市碳交易市场的建设，他主要进行环境政策跟经济学方面的研究，所以说我们不仅仅在科学工程，而且在管理方面也进行着研究。创新绿色低碳发展模型是我们非常重要的一个方向。

最后以习总书记的一句话作为结束语吧，就是他在北京世界园艺博览会的开幕式上提到的"共谋绿色生活，共建美丽家园"，再一次强调了生态文明环保的重要性。所以说我们现在有着非常大的机遇，当然也面临非常大的挑战。我今天就讲到这里，最后让我们一起共谋绿色深圳，共建美丽中国。谢谢大家。

第十四讲

俞大鹏

1959 年出生于宁夏中卫。现任南方科技大学量子科学与工程研究院院长，物理系讲席教授。1993 年获法国南巴黎大学固体物理实验室博士学位。2000 年获国家杰出青年科学基金，2002 年获教育部长江学者特聘教授，2015 年当选为中科院技术学部院士。

俞大鹏教授长期从事低维纳米结构物理研究，在半导体量子线等低维量子材料的规模制备和物理性质表征研究方面取得的研究成果尤其突出。近十几年来，其研究重心集中在对单根纳米线、单体量子结构的光电力热磁等物理性质的精确量子调控上，取得了一系列成果。其研究团队对纳米线、石墨烯等单个微观结构的光电力热磁等物理性质的操控能力达到了新的高度，奠定了开展量子调控和量子计算实验研究的坚实基础。俞大鹏教授共计发表 400 余篇论文，被同行参考他引 3 万余次，h- 因子 88。2014 至 2018 年连续进入 Elsevier（爱思唯尔）发布的在全球具有重要学术影响力的中国高被引学者榜单。

# 量子与信息科学的发展和应用

## 一、为什么要研究量子科学

首先，让我们回溯下过往，整个科技殿堂在伽利略、牛顿、法拉第、麦克斯韦等大家的构筑下已经非常完美，尤其是牛顿力学，从小到我们看不见的物体到体积庞大的星星，都能够预言它所有的运动轨迹。我们能用牛顿力学了解任何一个物体的初始状态，认识它的过去、它的未来，牛顿力学让我们能够描述整个自然界的运动规律、运动轨迹。后来一个铁匠的儿子法拉第发现了电和磁，我们高中都学过了，电、磁是密切相关的。又有一个数学非常好的学者叫麦克斯韦，他用4个非常优美的公式把电、磁给统一起来了，所以在那个时候看物理学非常完美。后来拉普拉斯把整个行星的轨迹给推算出来了，那一年是1900年，我们觉得整个经典物理学已经非常完美了。我们知道世界万物这个起点的话，那么它的未来、它的过去我们都能知道，这个是经典的。当时这座物理学大厦已经非常完美。

但实际上那个时候任何科学发展都是源于实验。1908年有一个科学家叫昂尼斯，将氦气成功压缩成液氦。当时有一部分科学家研究原子、分子光谱，有一部分科学家研究所谓的黑体辐射。黑体辐射实际上就是一个完全封闭的体系，然后你给它加热的话，辐射有一部分被投递出来了。当时解释黑体辐射，有几个经典的公式，但按照经典公式，随着波长缩短，这个强度发散到无穷大，这个现象叫紫外灾难。当时很长时间都无法解释实验观察到的黑体辐射的能量的强度和波长的关系。

## 二、第一次量子革命

当时有一个物理学家普朗克就尝试解决这个问题。他利用统计的方法，统计强度与波长的关系和推动力的关系，发现黑体辐射在没有波长下是满足这个规律的，所以这一年被认为是量子力学的元年。为什么？你要满足这个的话，能量不再是连续的，而是一份份发射出来的。但这是什么道理，他也说不清楚，就这么一个经验，实验结果的一个拟合，就被公认为量子力学的元年，也叫第一次量子革命。

接下来就是爱因斯坦讲相对论，广义相对论、狭义相对论，等等。他从这个公式发现了端倪，他就猜想光电效应，原子受到激发以后会吸收光子，吸收光子是因为它不是连续的，它是一份一份地吸收或者发射，他就提出了光量子概念。这是一个理论假设。爱因斯坦因为这个概念得到了诺贝尔奖。后来美国有一个科学家叫密立根，他就不服气，觉得这是很荒诞的，能量反射怎么会是一份一份的？应该是不连续的东西。他花了 10 年的时间来证明爱因斯坦光量子这个现象是对的还是错的。他终于在 1949 年证明 1905 年爱因斯坦提出的光量子光电效应是对的。后来其他一些科学家，发现了放射性，发现了电子。像居里夫妇把放射性物理本质解释得非常清楚。另一个物理学家卢瑟福根据一系列的实验证明了原子的模型，最简单的一个模型。这个阶段称为第一次量子革命或者旧量子革命。

还有一个非常有意思的争论，我们日常生活中看到的光的东西，它的本质到底是什么呢？是波还是粒子？牛顿认为光是粒子，他说光可以反射、散射等，认为光是一个一个粒子。因为他是大学者，所以这个理论很长时间没有人反对或者提出异议。直到 100 多年以后有一个叫托马斯·杨的人，他是一个农民。他当时做了一个非常有意思的实验，看到两个波相遇以后有一个地方是叠加的，有一个地方是相减的，就是一种波的干涉现象。就这样，对光到底是波还是粒子有一个很长久的争论。

## 三、第二次量子革命

量子力学真正的建立，是在 20 世纪 20 年代。爱因斯坦贡献了第一次量子革命，然后是波尔、玻恩、薛定谔、狄拉克等科学家，他们在非常短的一段时间内，在 1920 年到 1930 年之间，就发展完善成这套能够揭示微观世界完整的一个理论。

我现在讲讲几个人的贡献。第一个人是薛定谔，他大概是

1916年发现波动力学。当时他就说想建立一个理论描述波动性，索末菲就说你这个想法不太靠谱，我认为如果是要描述波的话总得有一个波动方程。说者无心听者有意，薛定谔记住了。大概在1915年的下半年，他考虑着电磁波的波动方程，考虑着相对论效应，然后就切入一个波动方程，但这个波动方程是错的，后来做实验才改对的。之后他做了一部分的改动，突然恍然大悟，他就说在这个波动方程里面，他用的是波长，后来他把波长换成动量，就得出现在我们用到的薛定谔的波动方程。但是他对量子力学还是比较排斥的，他说这个东西讲不清楚，就跟波尔争论，说如果见鬼的量子跃迁真的存在，我非常遗憾我亲自参与了量子力学的建设。可以看到，建设量子力学这座大厦这些学者对量子力学本身都是有非常多的体验的。比如，当时爱因斯坦也不同意哥本哈根学派的一些观点。

第二个对量子力学有重要贡献的是德布罗意。他研究光是粒子还是波动性。当时爱因斯坦得出两个公式：$E=h\nu$；$p=c/\nu$。他用这两个公式叠在一起就得到了一个非常简单的公式，什么公式呢？波粒二象性公式，即 $p\lambda=h$，而且这个公式适用于光子，也适用于电子，是光子还是电子就这么简单又完美地解决了。后来他认为世界万物所有的物体都是具有波动性和粒子性的。这个公式把世界万物的波动性和粒子性给联系起来了。

第三个人是海森堡。薛定谔从波的角度建立波动力学，波尔从粒子角度建立矩阵力学。后来这两个东西完全是对应的，可以相通的。海森堡最大的贡献就是发现这个测不准。宏观物体你能同时知道它的位置、动量、能量,但是微观世界你要想测它的位置,它的动量、能量肯定测不准,而且位置这个偏差越小,动量、能量偏差就越大。这个测不准原理是我们微观世界存在的另外一个规律,就叫测不准原理。

前面我讲的量子力学是基于实验的,对我们很多实验观察现象的不同解释,逼迫着我们去做一些更深的探索。对一些发现的实验现象要跟过去的经典理论做对比,做出一些重大的突破。这就是第一次量子革命和第二次量子革命的过程。

## 四、量子科学为什么这么热门

现在量子科学是非常火热的,其实,量子科学在我们现代社会有很多的应用。比如原子弹就是基于量子科学原理制作的,激光也是基于量子原理。我们常用的东西,也有很多是基于固体物理、量子力学,比如手机、互联网、GPS 等,所以量子力学其实我们早已经在用了。

现在的手机、电脑等的计算能力,摩尔极限已经到了。大家可以看到,现在整个世界的信息还处于爆炸当中,我们每个人都在产生很多数据,我们发了很多图像,我们拍很多照片,每天都有海量数据产生,现在整个人类产生的大数据每两年翻一番。

就是这么一个背景,我们呼唤一种颠覆性计算能力来处理这种复杂的、大规模的、无序的数据,这就是目前对算力提出的希望。我们现在用数字计算机的话,每一个信息就是 0 和 1,它需要两个比特来存储,要么是 0 要么是 1。但是量子计算的基本概念就是量子比特,这个东西没什么神秘的。什么叫量子比特?任何具有简单两能级的微观或宏观体量体系就可以形成一个比特,一个光子、一个电子、一个原子、一个质子,甚至一个操场,一个宏观量子系,就可以形成一个简单两能级。另外,量子计算机它存储和运算能力正比于比特数 2 的 N 次方。大家想想看,50 个比特,2 的 50 次方是多少,如果 100 个量子比特,2 的 100 次方是多少,就是这么一个东西。我们现在用的超级计算机能计算几百万的任务,它可能需要几百万年才能够完成一个计算任务,而 50 比特量子计算机可能只需几秒钟就搞定了。当然这是从理论极限提供的一种可能性,实际上可能还差得比较远。

量子力学从原来被动的观测到了现在主动的操控,这种操控是通过光、电、热、力、磁等完成的。这是现在的量子科技跟过去的量子科技相比而言最大的差别。另外,量子具有不可分割性,我们可以把一个光子劈成两半,但量子是不可分割的,以保证它的绝对安全,这保证了量子完成计算精密测量的一些任务。现在这块我们都有布局。

## 五、量子科技的国内外现状

下面我来介绍一下国际上的现状。英国在 2014 年提出一个非常清楚、非常详细的量子科技发展蓝图。2016年，欧洲提出了一个10亿欧元的量子旗舰计划。最重要的是，大家可以看到2018年12月21日，美国提出了国家量子行动法案。这个法案以总统法案的形式立法。它要做这么多任务，首先是制定了量子行动国家10年计划，美国成立了一个新的机构叫国家量子协调办公室，然后成立了一系列的小组，而且每一个部门，要协同合作。比如国家标准局要扩大支持基础研究、应用基础研究，要推动发展所需要的测量和这种标准基础设施建设，其次是成立量子协会，要对未来策略、标准还有网络安全进行引领。要多成立几个科学中心和教育中心，要成立量子信息科学研究项目，为本科生、研究生提供研究经验的培训和训练。

量子科技是一个任重道远的工作，这个东西不能捧杀，也不能棒杀。近年来，美国两个院士做了一个调研，他们当时提出这样一个结论：除非出现颠覆性技术，在未来的10年内出现通用量子计算机是小概率事件。但是这不排除我们利用电子一些特殊的性质来制备特殊功能的量子模拟器和专用量子计算机，这个还是可以的。所以目前还是加紧基础研究和人才队伍的储备，这是国内外大的趋势。

我们国家有比较好的基础和优势，在量子通信方面是引领国际的，并且量子计划被列入国家优先发展战略，如山东省在2009年就成立了济南量子科技研究院。另外，我们量子通讯方面的领军人物是潘建伟，他发射了世界上第一颗量子卫星，并且做出了一个京沪的概念，现在京沪这个概念要到广州来。

## 六、量子行动在广东

我是 1995 年到北大的，我为什么做量子呢？北大当时有曾谨言教授，他做量子力学。这位老先生非常厉害，他说量子纠缠非常有意思，将来有可能在量子通讯、量子计算方面得到应用，这是 1998 年，这句话我记住了。北大是我实现人生梦想的第一个地方。但是这个梦想是从非常简陋的一台漏气的管式炉开始的。后面条件逐渐变好了，这个小东西可以用光、电、力、热、磁等来调控它。量子十分贵，没条件是绝对做不起实验的。我就是这样听了一位老教授的引导，走上了量子计算这条路，后面就一直走这条路。

在我们南科大，我们建立了量子材料研究所、量子计算研究所，设立了量子精密测量和量子工程应用等专业。我们还跟别人不一样，我们叫重大科学仪器研讨中心，这些量子相关研究的场所，我们都建立起来了。

我们研究院有一个目标，我们的内部要形成一种文化，这个研究院不分级别大小，都是平等的，大家能够把天性、专长发挥到极致。我们希望把这个科技做成艺术品。我觉得科学技术工程有两个层面，第一层就是要能忍受无聊的算法，如果你不能忍受，要改革的话，我觉得你不适合做科学，你就可以早点离开了。第二层就是把科学当成是一种享受，真正的科学精神是整天琢磨这个事，科学的技术工程最高境界就是把它做成艺术品。我们说三百六十行，行行出状元，这个状元是什么？就等于最高艺术家。所以我们希望能够培养出一批顶级量子科学家。

大家可以看到,我们这个研究院已经吸引到全球的人了,我们系的研究员、访问学者、博士后等,有10%是挖来的,90%是增量的海外人员和刚刚毕业的博士。之前深圳在工资方面还有优势,但现在已经不行了,我有一个学生想来南科大,后来被抢走了,因为别家给出的待遇很优厚。那我们是靠什么吸引人才的呢?靠我们的文化,靠我们的朋友圈。我们吸引到一个日本人,40多岁,算是非常年轻的了。又比如范靖云教授,他从科大毕业以后在美国国家标准局待了很多年,现在被我们挖回来了,他立志做量子标准指引,现在是我们的常务副院长。

目前我院的兼职研究员、全职研究员、博士后、学者等有140多人,在国内,我们的人数是占优的。这是南科大为同学们提供的非常好的平台,大家要好好利用、好好珍惜。

第十五讲

# 章利勇

曾任中兴通讯技术总工、研究所副所长、学院执行院长、公司副总裁，是著名变革创新领导力专家，创维、中兴通讯等知名公司战略顾问，中央党校、清华、浙大、香港科技大学等高校客座教授。

他成功领导5次组织变革，拥有6项专利，15篇论文，是《变革领导者》《移动互联网时代的颠覆性创新》《组织发动机：中国企业大学最佳实践》和《价值信仰的力量：迷茫中觉醒》等4本畅销书的作者，其中《变革领导者》入选影响2012—2013年中国企业管理的十人十书。

他主攻的研究方向是价值信仰论、变革创新领导力、组织创新体系、组织变革的八要素、一体化高绩效管理模式、组织专业能力评估模型等。

# 中兴通讯创新和国际化之路

今天很高兴与大家分享《中兴通讯创新和国际化之路》。

先做个自我介绍：我在中兴通讯工作19年多，从事过研发、管理、管理服务等工作，已经专门研究变革创新领导力10多年了，写了4本热门的书：《变革领导者》《移动互联网时代的颠覆性创新》《组织发动机：中国企业大学最佳实践》和《价值信仰的力量：迷茫中觉醒》。这4本书奠定了我是变革创新领导力创始人的基础，其中2017年年初出版的《价值信仰的力量：迷茫中觉醒》，在中国各大省市和高校图书馆都有藏书。中央党校、清华、北大请我讲课，主要是因为这本书提出了新时代企业管理中心的理论指导：价值信仰论。

价值信仰论就是解释和指导个人或组织如何提升能力去认知和顺应经营规律的理论，目的是指导个人或组织做最好的自己。

先来看看今天我们生活在一个什么样的时代。

手势操控、人脑控制、基因编辑、芯片技术、机器人/人工智能、移动互联网/5G/网络安全、智能物联网/云计算、量子通信、太空科技等各种技术的高速发展，带来更多让人惊喜的跨界应用成果。

一方面，我们迈入一个高科技发展的全球化、透明化、互联化、智能化和数字化的新时代。在这个新时代，一切重复型、记忆型、规律型的劳动将由人工智能或机器人所取代，是"要么第一，要么唯一"首创智慧者的天下。可见，新时代企业只有做到第一或唯一，才能生存发展，否则就会被淘汰，那必须卓越，才能成为第一或唯一。

我们知道，传统工业时代，信息知识就是力量。但新时代，是信息知识大爆炸的时代，信息知识已经不是力量，唯有洞察本源、适应环境和创造新知的智慧才是力量。新时代，人口红利正在消失，人脑红利正在开始，以智慧经济为主的时代正在取代以知识经济为主的时代。

另一方面，我们迈入了一个黑天鹅事件频发的VUCA（Volatility 易变性、Uncertainty 不确定性、Complexity 复杂性、Ambiguity 模糊性4个词的首字母缩写）时代。当我们满怀希望迈入2020年，却飞来一只黑天鹅：新型冠状病毒，对全球造成巨大的经济损失。可见，我们生活在一个变化快、不确定、复杂、不可预测的新时代。

总之，新时代既是各方面技术高速发展的数字化智能时代，又是黑天鹅事件频发成为常态的VUCA时代。

中兴和华为一直以来被称为中国高科技企业的标杆。中兴和华为在高科技和国际化方面一直走在中国企业的前列，而恰恰高科技和国际化是这个时代最需要的，因此，了解一下中兴通讯的创新和国际化之路，是很有必要的。

下面分三个方面介绍一下中兴通讯的发展之路。

## 一、中兴通讯的发展历程

中兴通讯波澜壮阔的发展历程分为五个阶段：

**第一个阶段：创业期的大事记**

（1）1985年，深圳中兴半导体有限公司成立。

（2）1987年，小容量模拟空分用户交换机ZX 60研制成功。

（3）1989年，经营体制改革。

深圳中兴半导体成立之初，采取谁出资谁经营的方式。这样对公司的经营责任不清，造成工作关系混乱，工作不协调。到1989年，公司董事会对公司经营机制进行改革。一是明确总经理的经营和经济责任，一是改变经营班子，由各股东委派制为聘任制，企业实行总经理负责制。

（4）1991年，ZX 500A局用数字程控交换机商用，结束来料加工历史。

（5）1992年，改组成立中兴维先通设备有限公司。

**第二个阶段：壮大期的大事记**

（1）1993年，中兴新通讯成立，"国有民营"的经营体制确立，ZXJ 2000交换机研发成功。

（2）1994年，开始研发GSM，标志多元化起步。

（3）1995年，ZXJ 10研制成功，进军国际市场。

（4）1996年，三大战略转变，"三阳工程"进军市话市场。

1996年2月市场会议上，公司提出战略上的"三大转变"：

- 产品结构从单一的交换机设备向多元化产品转变。
- 目标市场从农话市场向本地网扩展。
- 由国内市场向国际市场扩展。

1996年11月，开通湖南岳阳、益阳、衡阳3个市话局的"三阳工程"，标志着从农话市场向市话市场转变。

**第三个阶段：高速发展期的大事记**

（1）1997年，深圳A股上市，融资20多亿元，为中兴发展3G、光通信、数据通信等领域提供了有力资金。

（2）1998年，CDMA事业部和手机事业部成立。2002年，联通三期招标，公司获得14%份额，稳居国内CDMA第一品牌。

（3）2000年，提出进军三大领域：移动、数据、光通讯。

（4）2003年，小灵通PHS发力，为中兴贡献大约1000亿元；同年推出中国企业自主产权的GOTA数字集群通信系统。

**第四个阶段：昂首全球期的大事记**

（1）2004年，香港H股上市，ADSL（非对称数字用户环路）服务雅典奥运会。

（2）2006年，确定未来拓展的三个目标：

- 从中国通信产品主流供应商向卓越的全球通信产品主流供应商拓展。
- 从通信的硬件产品向卓越的软件和服务产品拓展。
- 从技术型、业务型单位向卓越的经营型单位拓展。

（3）2009年，中兴提出提升公司的"八大能力"；同年协助香港CSL运营商演进LTE业务。

（4）2010年，提出"调状态、定战场、聚资源、打胜仗"；中兴成为中国移动第一大LTE设备供应商。

（5）2013年，中兴海外市场收缩，扭亏为盈，4G大丰收，手机品牌大投入。

**第五个阶段：万物互联期的大事记**

（1）2014年，发布M-ICT战略、全球换标、首提Pre5G。

（2）2015年，Pre5G商用，100G光传输领先，中兴微电子进入中国前三。

（3）2016年，美国BIS制裁中兴通讯，受到严重影响。

（4）2018年，中兴通讯确定发展战略：恢复期、发展期、超越期。

（5）2019年至今，5G全球商用化和全球布局。

2020年，中兴通讯将5G作为发展核心战略，基于5G+切片+MEC，打造云视频、行业物联网、机器人AI、融合定位、立体安全五大能力中台。

## 二、中兴通讯的创新体系

从创新角度看，中兴通讯比华为更厉害，因为中兴通讯构建以低成本尝试和以人为本的强大创新体系，决定了创造出通讯产业链的全系列产品。但由于公司资源有限而分散，导致很难把每个产品都做得很好，因此，最终在产品质量上与华为有点距离。中兴在很多领域的新产品上比华为还早搞出来，而且处于行业领先地位，但华为一旦看中某个新产品市场机会，就会采取压强原理，集中两三倍的人力资源，攻克某个新产品，快速赶超中兴。可见，中兴相对于华为来说，往往是起了个大早，赶了个晚集。

中兴通讯的创新体系由以下 11 个方面组成。

### 1. 企业的创新体系概要

- 企业要有强大的创新能力，创新基因必须镶嵌在企业的价值定位、价值使命、价值观、价值理念、价值行为、愿景和战略规划、价值网和价值资源等上。
- 创新要从员工和管理者的绩效考核指标和激励措施上给予明确。
- 创新要从员工和管理者的职业发展通道上给予落实。
- 创新要有企业整体组织架构和在人财物等资源上给予保障。
- 创新要嵌入企业流程、制度、组织架构和 IT 系统里。
- 创新要深入一线，开展预研、群策群力、劳动竞赛等活动。

### 2. 中兴通讯的定位

成为世界级卓越企业。成为世界级卓越企业就得自主创新。

### 3. 中兴通讯的使命

为全球客户提供满意的个性化通信产品及服务。重视员工回报，确保员工的个人发展和收益与公司发展同步增长。为股东实现最佳回报，积极回馈社会。

提供满意的个性化通信产品及服务就得差异化价值创新。

### 4. 中兴通讯的核心价值观

1993年8月，公司总裁侯为贵提出中兴企业文化的核心价值观：互相尊重，忠于中兴事业；精诚服务，凝聚顾客身上；拼搏创新，集成中兴名牌；科学管理，提高企业效益。

拼搏创新和精诚服务决定了企业必须有创新的文化基因。

### 5. 中兴通讯的创新理念：创新十条原则

- 原则一：创新是一把手工程，要善于培养创新领军人物。
- 原则二：敢于尝试，敢于打破传统，敢于不按常理出牌。
- 原则三：给创新尝试者以扶持，给成功者以奖励，给失败者以宽容。
- 原则四：勤于组织头脑风暴、技术沙龙、建设性对抗和跨领域交流。
- 原则五：围绕主流客户需求创新，用解决方案为客户创造价值。
- 原则六：以最小成本实现最大客户价值和公司价值，就是价值创新。
- 原则七：加强预研，系统布局IPR，促成原创型创新。
- 原则八：掌握核心技术，加强芯片自研，深化平台创新。
- 原则九：创造新商业模式需要转变思维方式，重构价值链。
- 原则十：有效运用内外部创新基金，跨越行业边界，孵化新机会。

中兴通讯的创新理念：

以贡献者为本；价值创新；宽容失败；允许首犯；乐学乐教；打破常规；群策群力；研发考核与营销考核分离；各单位树立各自标杆；低成本尝试等。

**6. 中兴通讯的两个深入和50%时间**

管理干部50%的时间要深入基层员工和深入客户，市场人员和系统设计人员50%的时间要深入客户，因为90%以上的创新来源于对一线的不断实践。

**6.1 中兴通讯的强大信息管理系统**

强大的信息管理系统支撑打通创意渠道和知识共享。

**6.2 中兴通讯的创新日常行为**

对每个员工的工作要求：说真话，爱提问，敢尝试；当本专业的兼职老师；每天总结经验教训；每周总结和计划；每月提交最佳实践或典型教训案例；每月合理化建议等。

**6.3 中兴通讯的创新日常活动**

对每个团队的工作要求：同行评审；群策群力；建设性对抗；周例会每人发言创新点子；干部下一线实习和互动；对瓶颈技术问题指定专人研究等。

**7. 中兴通讯的创新组织架构**

- 公司人力资源投向：40%投向研发，40%投向营销，哑铃型结构的资源分布确保创新有效。
- 公司级专设机构：分解标准、基础专利和应用专利给各个部门。

- 体系级专设机构：负责下属各部门的业务、技术、流程和管理创新、知识管理和信息管理。
- 公司各级专家委员会：成立各个层级和各个专业的专家委员会。

### 7.1 中兴通讯的产品创新架构

产品创新架构总体上划分为基于主流客户关键需求创新和基于新领域、新机会点创新两大类。

### 7.2 中兴通讯的三类创新

第一类原创型创新：强化技术/平台开发，促进原创型创新。

- 提升芯片自研。
- 强化平台创新。
- 深入原创技术创新。

第二类应用型创新：加强产品/解决方案开发，强化应用型创新。

案例：SDR软基站统一2G、3G、4G独立基站，降低30%—60%的建网成本。

以前运营商机房里的每一代基站都是独立的，比如2G、3G、4G的基站是分别独立的机柜，不但占了更多的物理空间，而且维护困难，通过SDR软基站把它们整合在一个机柜，再通过软件来调制不同带宽的基站，不仅大大节省成本，而且提升了产品质量。

第三类商业型创新：探索商业模式与咨询服务型创新。

- 从新兴业务的商业模式入手，尝试业务联合运营等运营领域的新合作和服务机会。

- 加强客户高层合作，积极探索商业咨询、运维、容量托管等服务的新合作模式。

### 8. 中兴通讯的创新考核和激励

横向：

- 绩效管理：管理者和员工的价值观考核指标和绩效考核指标都有创新指标项。
- 激励机制：除了绩效给予相应的奖罚激励措施外，还设立个人和团队的各种创新奖项。
- 职业发展：管理、业务、技术三条职业发展跑道的升级都有创新指标项评估。

纵向：

- 部门级：各部门都有效率提升和创新指标。
- 体系级：组织的业务、技术和管理的创新，每半年评比一次，有一定额度的奖励经费。
- 公司级：设立专利和标准，有专门的大奖项。

### 9. 中兴通讯的差异化战略

- 愿景：围绕主流客户需求打造创新型企业。
- 中长期目标：各个阶段目标要有挑战性。
- 差异化战略的重点：围绕市场需求和潜在需求，持续开展原创型创新、应用型创新和商业型创新。

案例：创新成就了中兴通讯的明星手机 Blade（刀锋）。

2008年，中兴通讯的手机销量已成规模，但产品主要是低端机，同质化竞争严重，难以突破发达国家的高端市场。

平庸的方案是无法产生有竞争力的产品的，只有通过创新才能创造出明星产品，最初 Blade 方案的设计定位是针对追求独特个性、时尚与高科技的消费者。Blade 设计灵感源于两种刀片相交而瞬间产生的一道光芒，整个造型具有超薄、全屏、滑板造型、刀锋质感等设计理念，Blade 拥有多项创新成果，它不是由技术驱动的，而是由用户需求驱动的，产品功能聚焦用户体验。

Blade 设计方案在 2009 年 4 月初步成形后，先在手机产品体系内部向各经营单位推广，2010 年 2 月，Blade 在巴塞罗那展上获得来自 Orange（橘子，一家法国电信运营公司）的首个订单，从此一发不可收。2011 年全年 Blade 出货量超过 800 万只。

Blade 的成功有偶然因素也有必然因素，但其中处处蕴含创新的法则，只有差异化的价值创新才能成就 Blade。

**10. 中兴通讯的创新运作机制**

- 组织变革：每年公司进行一次机构和人员大调整。
- 产品创新的过程：针对各责任部门的标准和专利有相应的规程体系。
- 产品由内而外整体创新：公司从产品的芯片、单板、模块、整机到整体解决方案都嵌入了创新要求。
- 端到端全过程创新：从市场销售、研发、生产、供应到工程的全过程都嵌入创新要求。

**10.1 中兴通讯的两类创新运作机制**

- 新机会、新领域的创新运作机制（孵化组织）

针对市场上的新机会、新领域，通过各种渠道获得技术发动机和市场商业模式发动机，成为创新的源动力。

- 以市场为驱动的强大研发管理模式

针对公司的主营业务，采用以市场驱动资源的 IPD 研发管理模式，确保产品按时按质按成本去达成。

### 10.2 中兴通讯的创新成果传播方式

- 会议：在公司和各体系大会上定期颁发和表彰个人和团队创新奖。
- 媒体：在各种专业报刊、宣传栏、展览、电视节目、发布会，甚至网页或邮件上宣传创新成果。
- 针对各种专业的创新，组织专业内的全员培训和宣传。

### 10.3 中兴通讯的创新成果转化知识产权方式

- 专利和标准布点：任何一项新产品，首先搜索专利现状，然后针对未来市场和客户价值进行专利布点，分配各项专利要求。
- 参与各类行业标准组织，制定标准和规范。

中兴通讯曾取得 3 年 PCT 申请全球第一，9 年 PCT 专利申请全球前五的好成绩。

### 11. 中兴通讯的创新资源

### 11.1 中兴通讯的创新基金委员会

对未列入公司三年发展规划的新技术、新业务等，不涉及公司经营任务、战略任务和战略规划相关的项目或方案，创新基金委员会提供资金让员工利用业余时间自行创新。

### 11.2 中兴通讯的创新人力资源

招聘国内排名靠前的大学对口专业的优秀研究生；40%的人力投向研发；聘请很多专家教授；建立博士后流动站等。

## 三、中兴通讯的国际化之路

### （一）中兴通讯国际化的发展历程

#### 1. 中兴通讯国际化之路的里程碑

（1）探索期：孤军奋战，局部布点，了解国际规则（1995年—2001年）。

1995年，中兴通讯就启动了国际化战略，产品出口到印度尼西亚、马来西亚等市场。

1998年，中兴通讯先后进军孟加拉国、巴基斯坦等市场。

（2）发展期：潜力市场，由点到面，奠定基础（2002年—2006年）。

2002年，进入印度、俄罗斯、巴西等若干战略市场。

2005年，突破欧洲市场，2006年突破北美市场。

（3）突破期：高端市场，资源调配，流程优化（2007年—2008年）。

2007年取得标志性突破，海外销售比例达到58%。

（4）调整期：策略调整，业务优化，管理优化（2009年—2013年）。

2009年是逆市增长的一年，推行大国大T战，主流产品相继突破全球主流运营商。

2012年由于全面突破各大国际运营商的冒进战略，加上管理粗放、对各国情况了解不足、合同签单质量差等因素，导致国际业务巨亏。另外，手机与运营商捆绑B2B销售和考核出货量为主，出现亏损。

（5）变革期：业务分离，资源共享，流程再造（2014年—至今）。

2014年至今，恢复盈利，进行战略调整，业务分离，分为运营商系统、政企网、终端三大业务事业部。

### 2. 中兴通讯的全球业务布局

- 全球107个常驻分支机构。
- 全球8+1交付中心，9大物流中心，15个培训中心，46个本地客户支持中心。
- 全球20个研发中心（海外8个）实现创新协同。
- 为160+国家/地区客户提供产品和服务。
- 与全球500多个运营商合作。

### 3. 中兴通讯的国际化战略（2008年提出）

- 定位：新兴市场的竞争领先者，发达市场的挑战者，成为世界级卓越企业。
- 愿景：进入行业前三。

### 4. 中兴通讯的国际化战略范围

包括市场国际化、人力资源国际化、资本国际化和研发国际化。

**5. 中兴通讯的国际化战略——市场选择策略**

- 立足中国市场,聚焦有潜力的新兴市场和发达国家主流运营商市场。

- 规范的中长期市场发展规划是指导市场选择的基础,是海外市场管理者的要务,严格执行三年战略规划。

- 以盈利为导向,聚焦重点,深度经营,资源向价值客户倾斜,强化市场选择的优先级排序。

- 抓住行业变革趋势,培育和发展新市场。

- 对机会市场加强对中国资金的利用。

**6. 中兴通讯的国际化战略——产品选择策略**

- 提供高性价比的通信产品和智能终端。

- 提供系统产品和服务一体化,开拓运维托管等管理服务蓝海市场,向价值链上下游延伸,降低客户 TCO。

- 依托 5G,提供优质的全套解决方案。

**7. 中兴进军国际市场的"三大法宝"**

- 成本优势:充分发挥中国企业的成本领先优势,在技术创新和服务领域形成差异化竞争优势。

- 技术领先:坚持自主创新,掌握核心技术和产品的研发能力;通过对客户定制服务,提供个性化、差异化产品。

- 中国资金:中国资金与企业"走出去"战略相结合,满足全球电信运营商对资金、高性价比通信产品的需求。

## （二）中兴通讯国际化的阵痛和经验教训

- 亏损项目众多：明亏项目多，暗亏项目更多，前盈后亏项目巨多。
- 国际陷阱多引发官司众多：欧洲无线双反，美国337，美国出口管制法律，政府税务、竞争对手/专利流氓公司知识产权，客户/代理商/外包商合同官司、外籍/中方外派员工官司。
- 中兴与华为在海外死掐：兄弟内斗甚至比爱立信、诺西、阿郎更凶。
- 经营能力很难支撑战略规划：战略规划/市场选择和自身能力经常错位。
- 经营管理水平跟不上业务发展：流程不匹配、中国企业管理经验不顶用、跨文化管理跟不上、工作效率低。
- 人力资源国际化跟不上业务发展：很难找到合适的国际人才。
- 大企业病严重：官僚主义、本位主义、形式主义，在国际市场表现得尤为明显。

案例：美国制裁中兴通讯。

2012年，中兴通讯因2011年与伊朗运营商一项数百万美金的监控系统合同，搭载美国科技公司的软硬件设备。美国以"涉嫌违反美国对伊朗的出口管制政策"为借口，对中兴实施禁运。

2016年3月，美国以违反出口管制法规为由，对中兴通讯采取了限制出口措施。2016年4月，中兴通讯高层大换血。

2017年3月8日，美国司法部、财政部和中兴通讯均宣布，中兴通讯与美国政府达成和解，中兴通讯同意支付约8.92亿美元的刑事和民事罚金。

2018年4月16日，美国商务部以中兴通讯没有处罚违规员工和提供虚假陈述为由，对中兴通讯施加最严厉的制裁措施。

2018年7月13日，经过3个月，美国商务部正式解除了关于美国公司向中兴通讯出售商品的禁令，中兴共缴纳了10亿美元的罚款以及4亿美元保证金，并且经历了公司高层再次大换血。

2018年中兴通讯被制裁的那段时间，网上一片骂声，说中兴通讯管理不合规、做事不守规矩、不遵循美国法律、管理水平太差、没有掌握核心技术和核心部件、签署不平等条约，等等，什么难听的话都有。

看看全国人民对中兴通讯的评论，似乎一面倒地指责中兴通讯，好像中兴通讯成为千古罪人似的。

试想一下，难道真的是中兴通讯的错吗？

如果你站在企业的维度看这件事情，的确是中兴通讯的错，因为它违背了美国国内法律。

但你仔细想想，哪个人是完美的？哪个企业是完美的？世界上没有一个人是完美的，没有一个企业是完美的，而且永远都做不到完美。

其实中兴通讯已经做得非常优秀了，像中兴通讯这样的企业，在国内屈指可数。试想一下，中国有多少企业能比中兴通讯的管理更合规、管理水平更高、技术水平更好、研发人员更多？在中国这样的企业已经是寥寥无几了。我们不应该拿中兴通讯出现的错误而否定中兴通讯的一切。

更何况中兴通讯违反的是美国国内法律，不是国际法。你觉得可笑吧？同样三星、苹果也存在类似不合规的情况，但美国政府为什么不拿它们开刀，而对中兴通讯开刀呢？

如果站在国家战略层面看这个事件，根本不关乎中兴通讯的事，美国制裁中兴通讯，是为了遏制中国经济的发展，卡中国高科技的脖子，打乱《中国制造2025》的布局，拿中兴通讯作为典型案例开刀而已。

### （三）中兴通讯国际化的挑战和成功关键

#### 1. 中国在境外的投资呈现高速增长的趋势

2012年，中国对外直接投资840亿美元，首次成为世界第三大对外投资国。

2016年，中国对外直接投资1701亿美元，首次成为世界第二大对外投资国。

…………

#### 2. 中国企业走出去，很不容易

● 众多中国企业已经或正在走出去，从资源、技术、品牌和市场等方面获得新的动力源和核心竞争力。

● 中国企业国际化，需解决从战略规划到战略执行，从跟随性创新到自主性创新，从中国式管理模式到国际化管理模式等问题。

- 不同国家极度差异化的政治、文化、经济、环境、商业机制和壁垒，决定了中国企业的国际化道路必定是艰难曲折的。

3. **搞清楚企业国际化战略的目的**
- 国际化是企业实现战略和提升核心竞争力的重要手段。
- 要结合近期战略目标与远期成长动力进行通盘战略规划，不能为了国际化而国际化。
- 要从业务组合与价值链的总体价值角度出发，不能单从投资回报率来评估，那是非常危险的。

4. **搞清楚企业国际化战略的定位——考虑 3 个关键问题**
- 国际化在企业整体战略中是如何定位与规划的？
- 企业在国际市场的核心竞争力是什么？
- 基于企业战略与核心竞争力，采用怎样的策略来拓展国际业务？

5. **企业国际化过程中的最大外部挑战（200%）**
- 在海外市场中缺乏品牌影响力或声誉：31%；
- 缺乏对海外市场、环境与客户的深入了解：60%；
- 无力应对海外市场研发生产运营的复杂性：54%；
- 很难与当地各利益相关方建立共赢和互信：21%；
- 海外竞争对手已占据了有利的市场地位：34%。

6. **企业国际化过程中经营管理的最大挑战（200%）**
- 最高管理层缺乏全球意识：26%；
- 很难在海外市场吸引和保留人才：45%；
- 很难管理境外员工队伍：43%；

- 存在跨文化障碍/法律意识淡薄：52%；
- 不均衡/不清晰/不合规的治理结构：26%；
- 不恰当的运营模式：8%。

可见，决定企业国际化能否成功的关键要素是国际化大公司的管理模式。

最后，引用任正非的一句话：没有IBM，就没有华为的国际化。华为国际化相对于其他中国企业更成功在于打造国际化大公司的管理模式。

中国企业要想国际化，一方面要打造开放、包容、共赢的企业文化氛围；另一方面要有把企业管理改造成国际化大公司的管理模式，而非中国式管理模式。

最后，我祝愿中兴通讯在国际化道路上的艰苦历练有所回报，不断改善自己的企业文化和提升经营管理能力，真正成为国际化世界级卓越企业。

第十六讲

庞观士

教授级高级工程师，深圳市地方级领军人才。现任研祥智能科技股份有限公司总工程师，深圳市光明区第一届人大代表，中国计算机行业协会副会长，国家特种计算机工程技术中心副主任，中国计算机学会工业控制计算机专业委员会副主任，全国信息技术标准化技术委员会TC28和全国工业过程测量控制和自动化标准化技术委员会TC124委员，获聘为科技部、工信部、装发部信息系统局，深圳市发改委、经信委、科创委等部门科技政策咨询及项目评审专家。

在特种计算机、工业互联网领域，创立了特种计算机行业唯一的可靠性工程管理平台，发明了新一代工业计算机系统总线标准，主持完成了国家发改委"互联网+"重大工程、工信部智能制造专项、工业互联网创新工程等，主导起草国家行业标准20余项，获得省部级、市级科技奖励21项。

# 持续科技创新才能不被卡脖子

2019年5月15日，美国再次升级了对华为的打压。美国商务部宣称：正在修改一项出口规则，以阻止那些使用美国软件和技术的外国半导体制造商在没有获得美国许可的情况下将产品卖给华为。简单说，就是即便芯片不是美国开发设计的，任何一家外国公司只要使用了美国芯片制造设备，就不能直接向华为或其附属公司海思半导体等提供芯片，必须征得美国同意。美国的目的就是要打压中国科技产业的发展。

我今天的演讲旨在通过我个人在计算机行业多年从业经历以及对计算机行业的了解，介绍我们国家计算机产业有哪些关键核心技术被卡着脖子。卡我们脖子的地方，也就是将来我们要突破的地方。希望通过今天的讲解，能够给同学们指明计算机行业将来迫切需要突破的方向，同时也方便你们做好未来事业的发展规划。

围绕持续科技创新才能不被卡脖子主题，我主要讲以下四个方面的内容。

# 一、工业和信息化在国民经济中的主导作用

## （一）为什么工业和信息化这么重要

党的十九大报告提出了几大发展目标：

（1）建设网络强国；

（2）加快建设制造强国；

（3）加快发展先进制造业；

（4）推动互联网、大数据、人工智能和实体经济深度融合；

（5）在中高端消费、创新引领、绿色低碳、共享经济、现代供应链、人力资本服务等领域培育新增长点、形成新动能。

我国虽然是制造大国、网络大国，但还不是制造强国、网络强国，大而不强。

制造大国主要体现在经过几十年的快速发展，我国已建立起门类齐全、独立完整的制造体系，制造业总体规模从2010年起已是世界第一。同时，通过自主创新，先进制造业发展良好，在多个领域如芯片制造领域实现了重大突破，新技术、新产品、新业态、新模式不断涌现。2018年，工业战略性新兴产业增加值同比增长8.9%，高技术制造业增加值同比增长11.7%，占规模以上工业增加值的比重为13.9%。

网络大国主要体现在2018年中国数字经济规模达31.3万亿元，占GDP比重超过34.8%，位居全球第二位。已经形成一批国际竞争力强的龙头企业，如腾讯、阿里、百度等。我国的

网络能力全球领先。固定宽带用户光纤占比超过 90%，位居全球第一位；移动宽带 4G 用户规模达 11.7 亿，占全球 4G 用户比重超 1/3。根据预测，2030 年，我国 5G 间接拉动的 GDP 将增长到 3.6 万亿元。业内认为，政府高度重视、企业积极抢滩，中国 5G 蓬勃发展已成必然。

但我国制造业与发达国家相比，技术创新能力、产业结构水平、资源利用效率、信息化程度、品牌影响力、企业国际竞争力等方面差距明显。到现在为止，我国依然有些人只认国外的品牌，认为国外品牌就是高端的，特别是一些奢侈品。比如买手机、笔记本，不少年轻一代首选苹果的 iPhone 或是 Macbook。

另外，我国在工业、信息领域核心技术受制于人，对外依存度高。所以美国才能不断地卡我们的脖子，把很多企业列入实体名单。我国在战略性新兴技术和新兴产业生态方面掌控能力还远远不足，也受制于人。多数企业仍处于数字化起步阶段，信息技术服务实体经济的潜能尚未得到充分发挥。有的企业可能连自动化都未能达到，更不要谈现在实施的工业 4.0 了。

## （二）加快工业和信息化高质量发展的迫切性

全球科技革命、产业革命、世界经济政治格局都在发生着深刻的变化。目前工业经济集中向"数字化、网络化、智能化"方向发展，科技革命和产业革命给工业和信息化高质量发展提供了新的机遇。

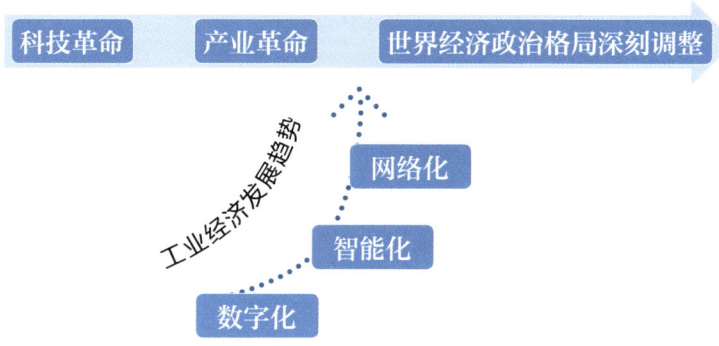

图1　工业经济发展趋势

我们必须把网络信息技术融合到虚拟经济、实体经济、消费领域和生产领域里去，才能促进制造业高质量发展。

通过科技推动传统产业加快转型升级。必须把互联网、大数据、人工智能与实体经济及制造业深度融合。颠覆传统的制造模式，颠覆传统的生产组织方式，颠覆传统的产业形态，以实

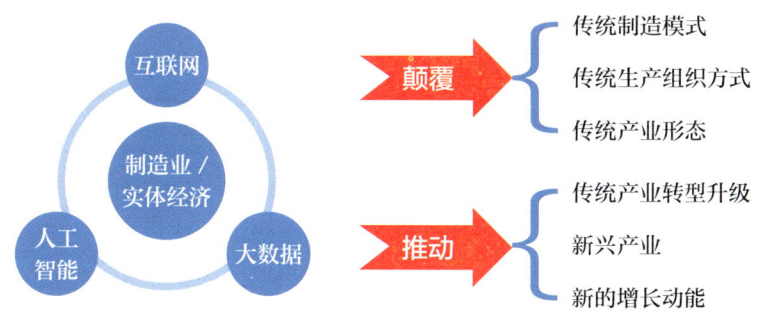

图2　科技对传统产业的作用

现推动传统产业转型升级，推动新兴产业的发展，推动形成新的增长动能。

### （三）全球制造业格局调整带来新挑战

当前，全球制造业格局发生了深刻的变化，制造业重新成为全球竞争的焦点。

一方面，尤其是美国总统特朗普上台以后，发达国家实施以重塑制造业优势为重点的"再工业化"战略，实施以网络信息技术为核心驱动力的先进制造，提高效率。在发达国家各项政策举措下，部分中高端产业已开始出现转移回流。

另一方面，出现一些新兴经济体，利用资源、劳动力等要素成本优势，以中低端制造业为主要方向积极承接产业转移，加快工业化。最近几年，我国有很多中低端的产业，转移到了东南亚。

所以，国家面临着双向挤压："高端回流"到发达国家和"中低端分流"到新兴经济体，对我国制造业形成了极大的挑战。

### （四）高质量发展的新要求

（1）质量第一、效益优先；

（2）以供给侧结构性改革为主线，推动经济发展质量变革、效率变革、动力变革，提高全要素生产率；

（3）建设实体经济，实现科技创新、现代金融、人力资源协同发展的产业体系；

（4）推动互联网、大数据、人工智能和实体经济深度融合；

（5）支持传统产业优化升级；

（6）加快发展先进制造业和现代服务业。

为了实现推动我国产业迈向价值链的中高端，需要把以往通过投资如增加人、增加资本等要素实现经济增长的生产方式，转换成用科技创新驱动经济发展，支持传统产业优化升级，加快发展先进制造业和现代服务业。

## 二、缺乏核心技术就是给人做嫁衣

本部分我将通过我国计算机产业发展状况，给大家说明我国在计算机、IT等领域，严重缺乏核心关键技术及"缺芯少魂"的严峻的产业格局现状。

### （一）工业计算机是工业和信息化的基础

计算机按用途可分为通用计算机和专用计算机。通用计算机是能解决多种类型问题，具有较强通用性的计算机。一般的数字式电子计算机如家庭用的计算机、办公用的计算机、手机等，多属此类。

专用计算机是为解决某些特定问题而专门设计的计算机。以工业计算机为例，它是工业等各行各业用的计算机，由软件系统和硬件系统组成。工业计算机是众多行业自动化、智能化、信息化、数字化产品的核心部件和关键设备。可以说，超过

80%的涉及国计民生的关键基础设施依靠工业计算机系统实现自动化。

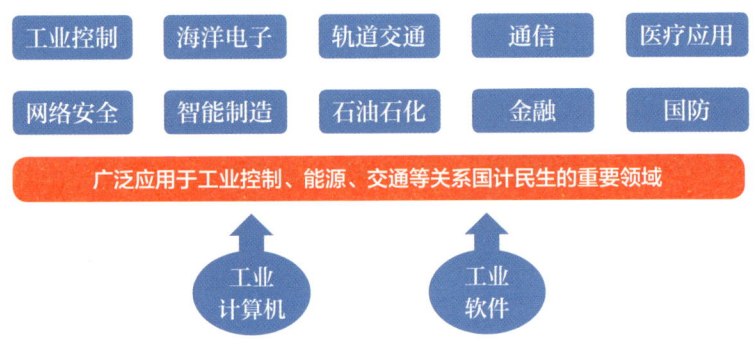

图3　工业计算机的应用领域

### （二）计算机产业链

计算机产业上游行业是元器件、部件（CPU、内存、硬盘、电源等），下游行业是科学计算、工业过程控制、企业的信息管理、人工智能驾驶等计算机应用。

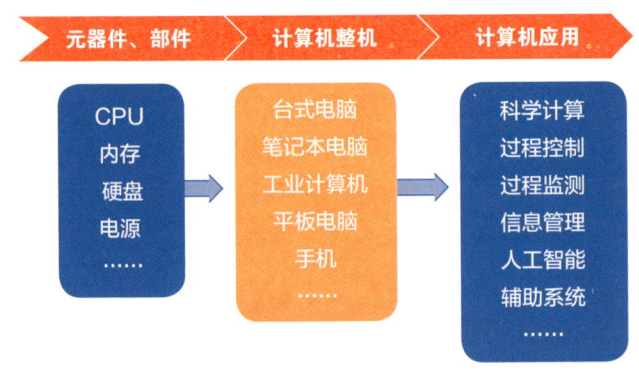

图4　计算机产业链

## （三）计算机产品设计流程

计算机产品设计流程一般包括前期分析、设计、制作原型、总结反馈等环节。从概念设计到详细设计，设计完后接着做仿真及模拟分析，然后样机研制出来后做测试验证，最后检验、出厂、生产。

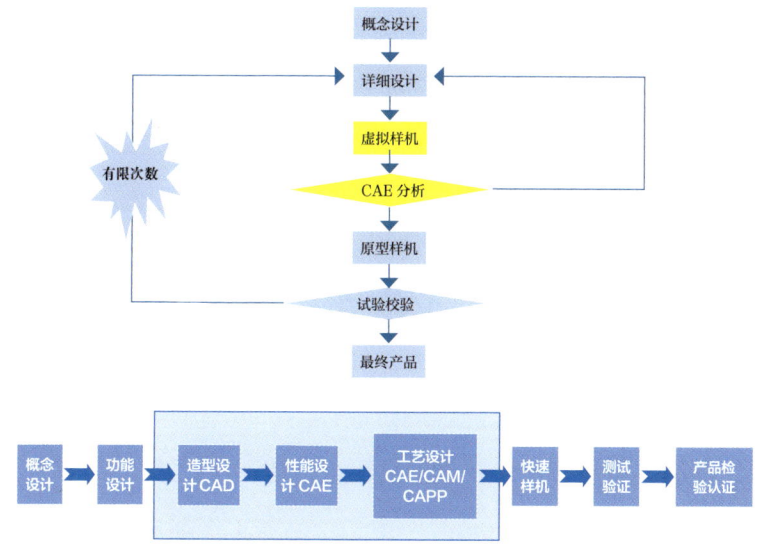

图 5　计算机产品设计流程

## （四）设计环节的自主技术

设计环节：设计计算机外壳用的结构设计 Pro-Engineer 工具，是 PTC（美国参数技术公司）的手艺；画造型图用的 AutoCAD 工具，来自美国 Autodesk（欧特克）；原理图设计用

| 用途 | 技术名称 | 技术来源 | 技术来源地 |
|---|---|---|---|
| 结构设计 | Pro-Engineer | PTC | 美国 |
| 造型设计 | AutoCAD | Autodesk | 美国 |
| 原理图设计 | OrCAD | Cadence | 美国 |
| PCB 设计 | Allegro | Cadence | 美国 |
| 热仿真 | IcePak | Fluent（被 ANSYS 收购） | 美国 |
| 电磁兼容仿真 | ANSYS HFSS | ANSYS | 美国 |
| 力学仿真 | Abaqus | 达索公司 | 法国 |

图 6　设计环节的自主技术

的美国 Cadence（铿腾电子科技有限公司）的 OrCAD；PCB 线路设计用的美国 Cadence 公司的 Allegro……

整机设计：热仿真，主要指根据计算机各元器件、部件的功耗、结构、材料散热性能等确定散热器、风扇的规格、风道设计，使得整机可靠工作在设定的温度范围。热仿真软件用的是美国 ANSYS 公司的 IcePak。电子产品在工作环境里相互会产生电磁干扰，需要确保这种干扰不影响产品的正常工作，这就需要在设计时进行电磁兼容仿真，评估其对其他产品产生的电磁干扰和抵抗其他产品对自身干扰的能力，这样可以减少因电磁兼容问题而导致的样机设计修改，节省时间，降低成本。这个电磁兼容仿真软件是美国的 ANSYS HFSS。工业环境比较恶劣，或许旁边放置了震动的机器，用来评估计算机产品抗震能力的力学仿真软件 Abaqus，来自法国达索公司。

## （五）工业计算机元器件来源的现状

CPU、芯片组、接口 IC、硬盘、内存等核心部件，基本被国外企业垄断。目前 93% 以上的 CPU 来源于 Intel、AMD，国产 CPU 使用占比非常小；接口 IC、高端连接器大多数是欧美品牌，我国大陆及台湾地区产的只占很小的部分；芯片，来自韩国、美国等国家；其他元器件如高端电容来自日本；关键的部件如硬盘来自美国或日本。我们看到，整个计算机高端的元器件，基本上被美国、日本企业承包了。

| 器件类型 | 主要供货商 | 产地 | 供货比例 |
| --- | --- | --- | --- |
| CPU | Intel、AMD | 美国 | 93% |
| | 龙芯、飞腾、兆芯、申威 | 中国 | 7% |
| 芯片组 | Intel、AMD、SMI、PLX | 美国 | 100% |
| 接口 IC | INTERSIL、TI、EXAR、ON、其他 | 美国、韩国，中国台湾地区 | 90% |
| | - | 中国大陆 | 10% |
| 连接器 | 富士康、宾德，其他 | 中国台湾地区，德国 | 60% |
| | 欧品、泰德康 | 中国大陆 | 40% |
| 其他 IC | SAMSUNG、SST、Winbond | 韩国、美国，中国台湾地区 | 95% |
| | - | 中国大陆 | 5% |
| 电容电阻等其他元器件 | 村田、AVX、红宝石 | 日本、美国 | 70% |
| | 美桀，其他 | 中国 | 30% |
| 硬盘 | 希捷、日立 | 美国、日本 | 100% |
| 内存 | 创见、INNODISK，其他 | 中国台湾地区 | 100% |
| 电源 | 全汉、新巨 | 中国台湾地区 | 60% |
| | 长城、欧陆通，其他 | 中国大陆 | 40% |
| PCB | 方正、金百泽、深南 | 中国 | 100% |

图 7　计算机元器件来源现状

## （六）工业计算机国产元器件／部件构成分析

主板是整个工业计算机的核心部件：主板占工控整机成本 55.67%，超过一半；CPU 占整机成本的 20.60%，占主板成本的 37.01%；其他元器件加起来的价值，只占了 24%，且都不是核心的。国产化率：主机 24.07%，主板 29.89%。

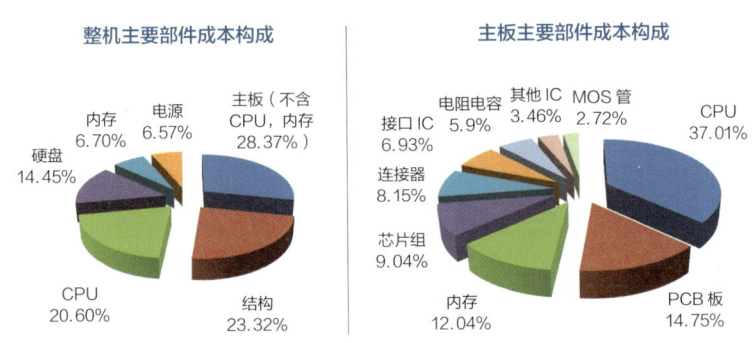

图 8　整机主要部件成本构成和主板主要部件成本构成

工业计算机 CPU：Intel x86 架构是工业计算机的主流，根据国内前 5 名工控品牌产品信息的统计，超过 80% 的工控系统采用 Intel 处理器。

工业计算机操作系统：现在手机两大主流操作系统分别是苹果 IOS 和 Android 系统。微软 Windows 操作系统是工控系统的最主要操作系统，超过 80% 的用户使用 Windows 操作系统，采用"英特尔 CPU+ 微软的 Windows 操作系统"的搭配，只有少数行业如网络安全、军工等使用 LINUX 操作系统，航空航天等实时性强的行业使用 VxWorks 操作系统。

## （七）工业软件产业链

工业软件各式各样，分为嵌入式软件、研发设计软件、生产控制软件、生产管理软件等。嵌入式软件是嵌入智能装备里面的，如果计算机系统需求不大，目前国产的软件有些可以满足设计、控制、管理需求。

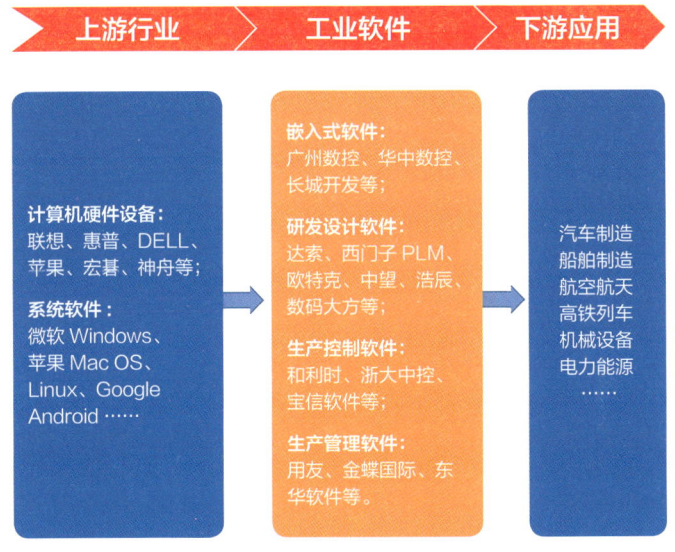

图 9　工业软件产业链

## （八）生产环节的自主技术及关键设备

整个电子行业，从最底层生产所用的设备回流焊、波峰焊，到上层生产管理用的 MES、企业客户管理用的 CRM、供应链管理用的 SRM 等设备和系统，绝大部分也都是采用欧美厂商的产品。典型的生产环节采用的技术设备介绍如下。

### 1. 智能贴片机

一块计算机主板由 2000 多个元器件组成，其中大部分都是非常小的贴装元器件，必须靠智能贴片机完成贴装工序。而高速高精密的贴片机，要么是日本品牌，要么是西门子等欧洲品牌。

### 2. 全自动回流焊炉

元器件贴上 PCB 板以后，需要加热使锡膏熔化，这样元器件与 PCB 板才能焊接在一起。在焊接过程中，温度曲线是变化的，需要严格控制，最高温度有 200 多摄氏度。其中用到的高端设备和系统，主要是进口的。

### 3. 选择性波峰焊

技术指标：适用有铅、无铅焊接；焊料的快速更换填充系统；焊接摄像监控系统；喷涂助焊剂（滴喷或雾化喷涂方式）；离线编程软件功能；可设置焊接角度，减少引脚区域锡桥的产生。

对采用引脚封装的元器件比如大的电容或连接器，不是表面贴的方式，而是穿孔的，要穿过 PCB，需用到波峰焊设备。高端的波峰焊，可以根据孔径大小调节波峰高度，保证高可靠连接，也是采用欧洲的品牌。

## （九）高端电容 MLCC

接下来，我挑同学们可能非常熟悉的元器件，重点介绍一下其自主技术情况。以简单的、物理课上学过的电容为例。工业计算机主板采用了大量的电容，特别是陶瓷电容，批量及滤波用的 0.1μ 或者 0.01μ 超级电容，一块主板能用儿百个。高端大容量的陶瓷电容其实是一层一层的叠片叠起来的多层结构。高端的电容依靠进口，巨头品牌排名分别是美国基美、日本村田、韩国三星。而有些国产品牌，如宇阳、风华高科等上市公司，只能做容量比较小的，大容量的做不好。

MLCC（多层片式陶瓷电容器）面临着类似中国芯片的问题。

## （十）测试验证自主技术

除了设计工具、生产设备、工业软件之外，计算机产品还需要做测试、认证，要使用很多相关的设备。计算机产品最

| 设备 | 品牌 | 产地 | 功能 |
| --- | --- | --- | --- |
| 浪涌发生器 | EMTEST | 瑞士 | 进行 IEC-610004-5 中 5 个等级的浪涌抗扰度测试 |
| 浪涌耦合器 | EMTEST | 瑞士 | |
| 周波跌落模拟器 | EMTEST | 瑞士 | 进行 EC61004-11 中 3 类设备的电压暂降、短时中断和电压变化测试 |
| 振荡波振铃波发生器 | EMTEST | 瑞士 | 进行 IEC-61000-4-12 中 4 个等级的振荡波抗扰度测试 |
| 传导抗扰度发生器 | TESEQ | 瑞士 | 进行 IEC-61000-4-6 中 3 个等级的传导抗扰度测试 |
| 传导接收机 | SCHAFFNER | 瑞士 | 进行 GB9254 中传导 Class A 和 Class B 等级测试 |
| 辐射接收机 | SCHAFFNER | 瑞士 | 进行 GB9254 中辐射 Class A 和 Alass B 等级测试 |
| 频谱分析仪 | R&S | 德国 | |
| 谐波测试仪 | TESEQ | 瑞士 | 进行 IEC-61000-3-2 中 4 类设备的谐波测试 |

图 10　测试验证设备产地

终要应用到工业领域中，前提条件是取得可靠性保证，这就要求制造商提前做性能测试，看是否达标，于是形成了各种类型的测试，依据了林林总总的国际标准（IEC-XXX）、国家标准（GBXXX），使用了各式各样的专用设备，等等。测试验证设备价格非常昂贵，产地大多为瑞士、德国等欧美国家。

## 三、走向价值链的高端

### （一）手机利润苹果拿走 66%

据 Counterpoint Research（知名市场调研公司）的统计数据显示，2019 年三季度，苹果拿下了整个智能手机行业利润的 66%，而剩下 34% 的蛋糕中，三星又拿走了一半（17%），剩下 17% 的利润由其他手机厂商瓜分。

| 品牌 | 机型系列 | 起售价格（元） |
| --- | --- | --- |
| 苹果 | iPhone 11 | 5499 |
|  | iPhone 11 Pro | 8699 |
|  | iPhone 11 Pro Max | 9599 |
| 华为 | P 40 Pro | 5988 |
|  | Mate 30 Pro | 5799 |
| 小米 | 小米 10 Pro | 4999 |
| OPPO | FindX 2 Pro | 6999 |
| 三星 | Galaxy S 20 | 6999 |

图 11　部分品牌新手机的发布价格

参考图 11 中品牌的新手机的发布价格可以算这笔账,并思考苹果为什么能拿到这么多的利润。一个品牌的质量、性能,靠的是什么?其本质就是创新。如果没有创新,就不会给品牌带来价值,消费者便不会认可。如果没有技术创新,消费者不会愿意付更多的钱去买苹果手机。苹果靠创新,刚开始打败了手机巨头诺基亚。这几年,华为的高端机无论在工艺上还是性能上都有了很大的提升,甚至手机创新技术超过了苹果。

## (二)国产化之路

我们很早就在做国产化。1984 年,原电子工业部计算机管理局副局长王之组建了微机开发小分队,十几个年轻人一起,在北京马甸立交桥外租来的几间房子里,在设施简陋、空间狭小的条件下,开始研制中国第一台电脑。经过数月夜以继日的奋战,1985 年 4 月终于成功研制出了第一台样机——长城 0520CH,这也是中国第一台中文化、工业化、规模化生产的微型计算机,同年 6 月在全国计算机应用展览会上正式发布。长城 0520CH 按照兼容 IBM PC 的架构,采用英特尔处理器、微软 DOS 系统。虽然当时在国内发布了第一台国产化的 PC,但 CPU 不自主,操作系统也不自主。

当时还没有 Windows 系统,现在系统支持任意一种国家的文字。当时,仅仅是把西方已有的系统汉化,通过硬件字库支持汉字显示,做成显示卡、做成汉卡,然后把显示的输入和输出实现汉化,实现输出。

这在当时算是取得了非常大的成功，后来为什么没能持续地做下去呢？核心在于缺少关键技术，缺少做 CPU 的核心技术，缺少做操作系统的关键技术。当 Windows 系统出来的时候，已经没有存在的价值了。没有核心关键技术，产品开发是不能持续的，只能受制于人，这也是美国为什么能够随时随地封杀我们的原因。

### （三）科技创新是发展的硬道理

现在，手机、电脑、互联网服务，所依赖的主要有 Google（谷歌）的 Android（安卓系统）、微软的 Windows、英特尔的 x86。手机包括安卓手机和 IOS 手机两大阵营；PC 电脑用的核心技术体系"Windows + x86 CPU"；移动终端绝大部分也是 ARM 架构的；很多软件服务，都依赖于开源了；上网、设备互联，最核心的技术是我们独创的 TCP/IP 协议……这些靠的都是创新，但很遗憾，我们天天在用的这些技术，几乎没有一样是原创于中国的。美国强大的原因在于其核心关键技术能自给自足，2019 年 5 月 15 日美国升级对华为的打压政策——只要用了美国技术生产的芯片，要卖给华为都要经过许可，政策一出基本上可以断供所有的芯片。

### （四）产业链生态是保障

如果手机用的不是 Android 系统、不是 IOS 系统，我们还会用吗？

Google 断供并禁止华为使用 Google 服务的时候，为什么在欧洲会遇到非常大的挑战？

我国单独做成的 CPU，性能相当于英特尔 I5 水平的龙芯 3A，为什么人们却不会买此类计算机做家庭办公用？

一个原因在于人的习惯，更关键的是产业链生态，这是问题所在，也是核心所在。我们把 PC 生态称作"Wintel"（Windows+Intel），这个商业联盟自 20 世纪 80 年代到现在，经过了几十年的发展。在 IT 产业买回来的东西不只是硬件，还包含软件，裸机是没用的。如手机里的 App store（应用商店），能提供各式各样的应用程序供下载。而且不同行业，需要的是不一样的应用。所以，产业链生态极其重要。没有建立生态，应用很难推广起来；构成了生态，人们才愿意去开发许许多多的应用放在平台上。

打造生态需要花费相当长的时间。国家正在从计算机底层硬件、BIOS、中间件、操作系统等方面构建国产自主可控生态。在一些核心的领导、核心的部门（涉及安全的部门）更是试点使用国产软件、硬件，但是距离国产产品的商用化普及还很远，未来也会面临多重挑战。在这个层面上，希望我们国人支持国产，没有大量的支持，国产自主可控生态是没办法完善的。

### （五）芯片突破是关键

最核心的在于芯片突破。和粗放型的、完全靠手工的普通生产制造不同，芯片是制造业的皇冠，非常精密。目前称得上商用化的中芯国际生产的芯片为 14nm，台积电已经突破 2nm，相差四代以上。跟不上技术的发展，市场也不会认可。每次华为新推出一个手机，苹果专挑新手机 CPU 性能的刺，关注能达到多少纳米的集成。

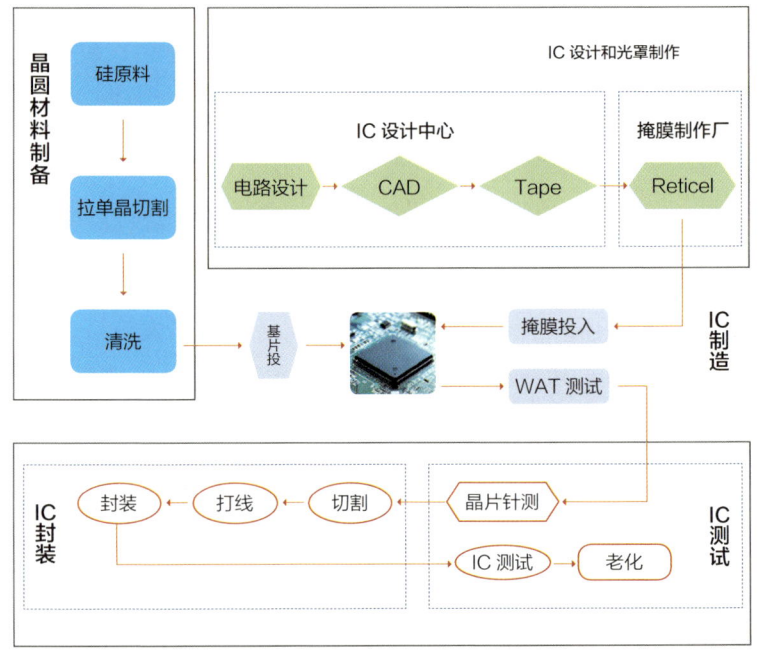

资料来源：招商证券、晶方科技

图 12　集成电路生产工艺流程

集成电路遵循摩尔定律。集成是不断缩小的，集成越小，功耗越低，性能越高。同样的性能，发热量下降，制造的成本也会下降。当然摩尔定律也存在某些失效，业界都说已经达到了极限，但其实还在往前推进，只是不是以前的 18 个月了。Intel 一直沿用 14nm 制成的 CPU，作为成熟的技术，它的集成放缓了而已。要突破得依靠芯片这类技术，然后把相关生态体系建立起来，即使在短期内看不到希望。芯片是否先进，与光刻的密度有关。荷兰 ISM 卖给中国制造芯片的机器设备光刻机，国际上也未必会出现"中国不行"论。

### （六）把握弯道超车的机会

机会一：5G 全球领先。华为遭美国打压多半因为 5G。因为 5G 领先下去，会影响到很多很多的产业。

机会二：电子商务发达。淘宝、京东、拼多多等电商发展迅速。

机会三：工业互联网加速发展。国务院《深化"互联网＋先进制造业"发展工业互联网的指导意见》，工信部《工业互联网网络建设及推广指南》等，支持通过工业互联网技术推动制造业转型升级，提高效能，提高产品质量。

机会四：8K 超高清。深圳市正在部署这个产业，随着未来人们对视听品质要求的提高，8K 超高清的蛋糕很大。

机会五：人工智能。我国将在 AI 领域与美国齐头并进。

机会六：量子通信。潘建伟院士领衔团队研发的量子科学实验卫星"墨子号"。

其他机会：经过多年技术创新发展，在航空航天领域、高铁、民用无人机、超级计算机等取得的科技成果。

## 四、走向成功

### （一）把握中国机会

到目前为止，中国仍然是世界上发展最快的国家。国家在进行经济结构调整和转型升级，在一些核心领域，加大投入，开展技术创新，一个个地补短板，短哪里补哪里。

中国人口基数庞大，有着庞大的市场。由于工业互联网渗透到各个领域，带来新技术、新产业、新业态、新模式的迭代更新。如外卖、自动智能驾驶，通过智能制造向生产企业实现服务化延伸……其中，很多来自你们年轻一代的发明创造。

### （二）抓住深圳建设先行示范区的七大机会

（1）建设5G、人工智能等创新载体；

（2）境外人才引进和出入境管理制度，为南方科技大学港澳台人员提供便利；

（3）资本市场在完善创业板，推动注册制改革；

（4）利用蓝海资源，建设全球海洋中心城市；

（5）国资国企综合改革试验；

（6）粤港澳大湾区合作；

（7）支撑教育体制改革先行先试，南方科技大学就是教育体制改革的产物。

## 寄语

结合我们企业发展过程中积累的关于科技创新的经验,给大家提几点建议:

(1)要脚踏实地,不好高骛远。进入社会后,不管是进企业、科研机构或留在大学发展,都要做到脚踏实地。

(2)要有科学奉献精神,坚守对真理的执着追求和对科学的虔诚信仰,投身科学研究、技术创新,激发创造活力,为加快建设创新型国家添砖加瓦。

(3)要有求真精神,高度的专注。华为发展到今天的成就,是因为它专注做通信这件事,任正非曾明确表示:"华为只做实业,不做房地产!"

(4)选择好的平台,用好平台资源。个人其实是非常渺小的,能做的事情也很小。平台很重要,当同学们到了企业、机构后,会有一个专属平台,平台上有很多资源,要充分利用。

(5)从产业需求出发,产学研用相结合。

不管你们将来是做发明创造,做科研,还是做产品研发,最重要的就是要从产业需求出发。华为反复宣传提倡:"我只要以客户为中心,我只要服务好我的客户,我就能活!"同样的,我希望你们的发明创造能够创造价值,从小方面写完一篇论文开始,论文发表后不要存起来、束之高阁,那样没有发挥任何的社会作用。

从我本身来讲,我们企业经常跟高校、科研院所进行多元化的技术交流与合作，企业在生产研发过程中会遇到很多的问题、困难甚至瓶颈，要突破，需借助高校、科研院所等单位的优势，产学研用相结合，强强联合，发挥出更大的创造力，多方一起取得成功。

祝愿同学们今后在各自的工作岗位求是创新，攻坚克难，事业成功。祝愿我们国家的科技产业在不久的将来不再被人卡脖子。

# 后记

在各位专家教授和工作人员的共同努力下,《现代科技与家国情怀》书稿终于结集出版了。本书的出版是各位参与者集体劳动的结晶,它体现了各位讲授者的智慧,见证了南方科技大学坚持立德树人、铸魂育人所开展的工作和所付出的努力。

此项工作由学校党委统一部署,思想政治教育与研究中心具体负责实施,党委宣传部、学生工作部和教学工作部等部门积极配合,广大学生积极参与,"现代科技与家国情怀"特色思政课系列讲座活动产生了良好的教育效果和社会反响。在此要特别感谢参与讲座的南方科技大学校长陈十一院士,学校党委副书记李凤亮教授,前副校长汤涛院士,工学院院长徐政和院士,量子科学与工程研究院院长俞大鹏院士,人文社会科学学院院长陈跃红教授,环境科学与工程学院院长郑春苗教授,计算机系主任姚新教授,力学与航空航天系主任单肖文教授、邓巍巍教授,海洋系刘青松教授,电子系于洪宇教授、刘召军助理教授，金融系栗沛沛助理教授等14位院士专家和中青年学者。他们不仅为讲座精心准备了讲课内容，为学生奉送了学术大餐，还认真整理了讲座文字稿，真正体现了教书育人、为人师表的高尚情怀。同时，也要特别感谢中兴通讯公司前副总裁、技术总工章利勇先生，研祥智能科技股份有限公司总工程师庞观士先生，他们从深圳本土企业技术发展的角度为学生倾情介绍了深圳科技创新情况。

本课题还得到中国科协"2020年度学风建设资助计划项目"资助，项目编号是XFCC2020ZZ001-08，在此特别表示感谢。南科大组织的"现代科技与家国情怀"特色思政课讲座活动与中国科协开展的2020年度学风建设不谋而合，项目内容要求加强"四有"科技人才队伍培养，南方科技大学"现代科技与家国情怀"特色思政课，契合并突出了这一主题。在校长和一批院士带领下，充分发挥科技类大学科技专业人才优势，鼓励培养造就有理想信念、有专业知识、有道德风范、有仁爱之心的科技人才队伍，面向青年学生、科技工作者开展具有学科特色、体现学科发展脉络、彰显优良学风的专业讲座，丰富了高校思政课内容，壮大了思政课教师队伍，促进了学风的建设。在此活动之后，为落实教育部《高等学校课程思政建设指导纲要》，南科大及时出台了《南方科技大学课程思政建设方案》，使更多的科技教育工作者明确教书育人、铸魂育人的重要性，全面参与课程思政建设，为建立科技报国的优良校风，培养更多优秀拔尖创新人才而努力。

思政中心的刘志斌、孙志凤、马俊军、滕明政、杨晗旭、杨少曼、董玄、占运凯等老师参与了本书的相关工作，在此表示感谢。

最后，感谢海天出版社的韩海彬、熊星两位编辑为本书所付出的努力和辛勤的工作，使本书顺利出版。

2020 年 11 月 6 日